中国局部外观设计
专利申请实务

In-Depth Guide to China's Partial Design
Patent Applications

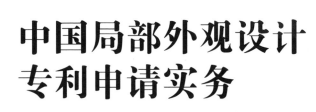

国家知识产权局专利局外观设计审查部　组织编写

王美芳　方丽娟　严若艳　周佳　主　编

- 规则解读
- 图文诠释
- 申请示范

知识产权出版社
全国百佳图书出版单位
——北京——

图书在版编目（CIP）数据

中国局部外观设计专利申请实务/国家知识产权局专利局外观设计审查部组织编写；王美芳等主编.—北京：知识产权出版社，2025.1.—ISBN 978-7-5130-9536-5

Ⅰ.G306.3

中国国家版本馆 CIP 数据核字第 2024SM3851 号

内容提要

本书基于最新的专利法、专利法实施细则和专利审查指南的规定，以图文并茂的方式阐述中国局部外观设计专利申请的具体规则，主要包括局部外观设计的保护客体、实质性授权条件、单一性、优先权、申请文件及其修改等内容，为申请人制定局部外观设计的申请策略、提交高质量申请提供指导。

责任编辑：程足芬　　　　　　　　责任校对：谷　洋

封面设计：钱麒飞　彭程璐　　　　责任印制：刘译文

中国局部外观设计专利申请实务

国家知识产权局专利局外观设计审查部　组织编写

王美芳　方丽娟　严若艳　周　佳　主编

出版发行	知识产权出版社 有限责任公司	网　　址	http://www.ipph.cn
社　　址	北京市海淀区气象路 50 号院	邮　　编	100081
责编电话	010-82000860 转 8390	责编邮箱	chengzufen@qq.com
发行电话	010-82000860 转 8101/8102	发行传真	010-82000893/82005070/82000270
印　　刷	三河市国英印务有限公司	经　　销	新华书店、各大网上书店及相关专业书店
开　　本	720mm×1000mm　1/16	印　　张	18.5
版　　次	2025 年 1 月第 1 版	印　　次	2025 年 1 月第 1 次印刷
字　　数	310 千字	定　　价	98.00 元

ISBN 978-7-5130-9536-5

— 编 委 会 —

前 言

2020 年 10 月 17 日，全国人大常委会通过了《关于修改〈中华人民共和国专利法〉的决定》，第四次修改后的《专利法》于 2021 年 6 月 1 日实施。新修改的《专利法》增加了局部外观设计保护制度，这是对外观设计专利制度作出的重要调整，在外观设计专利制度发展进程中具有里程碑意义。

局部外观设计保护制度在国际上已有四十多年的历史，世界上很多国家和地区都对局部外观设计进行保护，但在具体制度设计上各具特色。中国在对《专利法》及其实施细则进行修订时，对局部外观设计保护的整体制度设计作了规划，并在专利审查指南的修改过程中，进一步细化、明确了各项具体规则。保护局部外观设计的目的在于更好地鼓励和促进设计创新，为了让创新主体充分了解并积极、恰当地运用局部外观设计专利保护制度，我们在《专利法》及其实施细则和专利审查指南规定的基础上撰写了《中国局部外观设计专利申请实务》一书。该书以图文并茂的方式阐述局部外观设计专利申请的具体规则，期望每一位想要了解局部外观设计保护制度的读者都能从中获得有益信息。

本书的撰写工作启动于 2021 年 3 月，伴随专利法实施细则和专利审查指南的修订进行了多次修改，历时较长。2023 年 12 月 21 日，新修订的《中华人民共和国专利法实施细则》（以下简称《专利法实施细则》）获得通过，《专利审查指南 2023》向社会公布，我们在此基础上再次全面梳理书稿内容，形成定稿。本书各章节的主要执笔人分别为：皇夏露（第一章）、彭程璐（第二章）、张冰冰（第三章）、李玉洁（第四章）、朱婧（第五章）、何龙桥（第六章、第八章）、宁小军（第七章）、白茹（附录 1）、徐晓雁（附录 2）。参与本书撰写的人员大多参与过《专利法》及其实施细则、专利审查指南的修订工作，对中国局部外观设计专利保护制度的具体规则及规则确立的前因后果颇为熟悉。在整个撰写、讨论、修改过程中，每一位参与人员都积极贡献自己的知识和智慧，严谨务实，精益求精。国家知识产权局专利局外观设计审查部的领导和同事们对本书的撰写给予了大力支持和无私帮助，在此表示诚挚感谢。

局部外观设计保护制度在我国运行时间尚短，本书仅是基于已有的认知和实践尽可能详尽、准确地呈现相关内容，很难完全应对未来可能出现的新情况、新问题。另外，限于我们的能力，本书难免存在不足和疏漏之处，敬请读者批评指正。

编委会

2024 年 5 月

目 录

第一章 局部外观设计专利制度概述

局部外观设计（Partial Design，早期文献多称为"部分外观设计"）是指对产品的局部作出的外观设计。

一、局部外观设计保护制度的起源和发展

世界主要国家和地区在建立外观设计保护制度之初并未明确局部外观设计是否可以获得保护，并且之后很长时期也没有在法律实践中将局部外观设计纳入各国的保护体系中。

第三次工业革命开始后，随着经济和科技高速发展，极大地推动了社会生产力的发展，产品类型更加丰富、产业分工更加精细、设计水平不断提高，对设计创新的保护要求更高，局部外观设计的保护需求在工业化程度较高的国家凸显出来，随后相继被各国纳入外观设计保护制度，明确体现在法律法规中。

（一）美国

美国的外观设计保护制度始于1842年，通过专利法对外观设计进行保护。立法之初，其专利法保护的外观设计为产品的整体外观设计，在一个多世纪后通过"Zahn案"的判例才明确了专利法对局部外观设计的保护。

1976年9月，美国申请人 Mr. Zahn 提出钻头上段钻柄部分的外观设计专利申请（D257,511），在视图中将想要保护的部分以实线绘制，将不想保护的部分以虚线绘制（如图1-1所示），但美国专利商标局（United States Patent and Trademark Office）认为钻头上段钻柄部分的外观设计不是专利法保护的客体，予以驳回。申请人不服，提出复审请求。美国专利审判和上诉委员会（Patent Trial and Appeal Board）以该申请主张保护的仅为实线绘制的钻柄部分而非整个钻头工具为理由维持了驳回决定。于是申请人上诉至当时的美国关税和专利上诉法院❶（Court of Customs and Patent Appeals），最终美国关税和专利上诉法院作出了影响深远的"Zahn案"裁定。美国关税和

---

❶ 1982年，美国专利上诉案件改为由美国联邦巡回上诉法院（Court of Appeals for the Federal Circuit）统一受理。

专利上诉法院认为，专利审判和上诉委员会将申请专利保护范围直接指向钻头工具及钻头工具的钻柄部分，这种指向"产品本身"，而不是指向"应用在产品的设计"的认知是错误的。因为，外观设计专利是保护应用在工业产品上的设计，而不是产品本身，外观设计可应用在所有的工业产品上，不论是整体产品或是产品的部分。因此，撤销了专利审判和上诉委员会作出的维持驳回的决定。

该判例标志着局部外观设计可以在美国获得专利保护。随后，美国专利商标局修改了《专利审查指南》（*Manual of Patent Examining Procedure*），将保护客体由"工业品"修改为"工业品（或其部分）"❶，即"一件外观设计专利申请中，要求保护的客体是由工业品（或其部分）所体现或应用于该工业品（或其部分）上的设计，而不是工业品本身"，进一步明确了局部外观设计保护制度。据我们所知，美国是最早开始保护局部外观设计的国家。

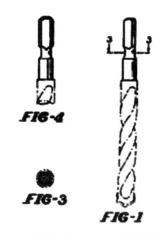

图 1-1　美国 D257,511 外观设计专利

（二）欧盟

目前，欧盟关于外观设计注册的有效法律为 2001 年 12 月 12 日颁布的

---

❶　美国《专利审查指南》第 1502 节　外观设计的定义［R-2］［原文：In a design patent application, the subject matter which is claimed is the design embodied in or applied to an article of manufacture（or portion thereof）and not the article itself］。

《欧盟理事会共同体外观设计保护条例》❶，由欧盟知识产权局（英文缩写 EUIPO，原欧盟内部市场协调局）负责实施和执行。该条例将共同体外观设计定义为产品的全部或部分外观设计，即外观设计的保护对象不仅可以是工业品或手工艺品的整体外观设计，还可以是工业品或手工艺品的局部外观设计。在欧盟所有成员国内，无论是注册外观设计还是非注册外观设计，均保护局部外观设计。

除欧盟统一立法外，1998 年欧盟颁布的第 98/71/EC 号指令❷也规范了各成员国的法律。主要的欧洲国家对外观设计采取了独立于专利的保护模式，且在立法中明确保护局部外观设计，如德国、法国等。

（三）日本

20 世纪 90 年代，日本《外观设计法》第 2 条中的"产品"，被解释为应当是可以流通、进行交易的产品，而产品的部分一般是不能流通的，不能作为《外观设计法》保护的对象。为了加大外观设计保护力度，增强日本产品的竞争力，同时顺应美欧发达国家对于局部外观设计纷纷进行保护的潮流，日本在 1998 年通过修改《外观设计法》引入了局部外观设计保护制度。修改后的《外观设计法》第 2 条规定："工业品外观设计是指能够通过视觉引起美感的产品（包括产品的部分）的形状、图案、色彩或者其结合。产品的部分的形状、图案以及色彩与形状、图案的结合中，包含用于物品操作的图像（仅限于为了发挥产品功能而进行的操作），以及与该产品作为一体而被使用的产品中表示的外观设计。"在"产品"一词后增加括号，括号内为"包括产品的部分"，从而将局部外观设计纳入外观设计保护中。至此，具有创新性设计特征的产品局部，可以作为局部外观设计进行保护。

日本引入局部外观设计保护制度以来，局部外观设计申请量逐年增长，在总申请量中的比例也逐步上升至 40% ~ 50%❸。

---

❶　为最大限度消除在欧盟内造成不公平竞争的障碍和根源，欧盟制定了《欧盟理事会共同体外观设计保护条例》［第（EC）No 6/2002 号欧洲委员会规章（2001 年 12 月 12 日颁布）］。该条例属于欧洲规章，是最强有力的欧盟法律形式，不需借助实施手段即在成员国立即生效。并且，共同体保护体系与国家保护体系共存，任何未落入该规章的保护范围的内容遵守成员国的法律。

❷　由于各成员国法律对外观设计提供的法律保护水平不同，对欧洲内部市场的工作造成了负面影响。为保证外观设计产品在共同体内顺利流通并确保自由竞争，欧洲议会和欧盟理事会于 1998 年 10 月 13 日颁布关于外观设计保护的第 98/71/EC 号指令，要求各成员国在 2001 年 10 月 28 日以前在各自的法律中贯彻指令中的规定。

❸　该数据来源于 2022 年 11 月"中日外观设计研讨会"日方提供数据。

（四）韩国

与日本类似，韩国设计产业的快速发展伴随着对设计保护的更高要求，在美、欧、日相继对局部外观设计进行保护之后，2001年，韩国通过修改法律开始保护局部外观设计。韩国《外观设计保护法》第2条规定："外观设计是指产生视觉美感印象的产品（包含产品的部分）的形状、图案、色彩或其结合"。

局部外观设计保护制度有效地推动了韩国设计创新的发展。2001—2003年，韩国局部外观设计申请在所有申请中所占的比例为1%～3%，2011年增长到6.4%，2020年增长到14.1%；从具体数量上看，局部外观设计申请数量从2011年的3711件增长到2020年的10107件，10年增长了近2倍❶。

从上述国家和地区局部外观设计保护制度的建立背景和发展过程可以看出，其保护之路都与本国或者所在地区的经济特点、发展水平和法律体系紧密联系。美国通过判例确立了对产品局部外观设计的保护；欧盟内部统一的外观设计保护制度形成较晚，但是自建立之初就明确了对产品局部外观设计的保护；日本和韩国经济发展模式均为外向型，对国际市场规则的变化较为敏感，在符合自身发展需要的前提下，先后修改法律建立局部外观设计保护制度。

二、我国建立局部外观设计专利制度的背景

我国在专利法第四次修改之前，对外观设计的保护限定在产品整体外观设计。我国专利制度起步较晚，且在专利制度运行早期，改革开放刚刚开始，我国尚处于工业发展初期，生产厂家大多在追求产品的产量和实用性，几乎没有局部外观设计的保护需求。但随着改革开放的不断深入，特别是近年来我国经济和科技高速发展，我国一些龙头企业的设计水平明显提高，社会整体知识产权保护意识增强，对局部外观设计保护制度的需求逐步增强。由于核心设计特征亟待获得保护，一些创新主体尝试通过相似设计、有选择性地提交视图等多种不同方式提交外观设计申请，希冀获得局部外观设计保护；另外，由于我国与其他国家存在有无局部外观设计制度的差异，也对我

---

❶ 该数据来源于韩国官网2021年8月23日题为"최근 10년간 부분디자인 출원건수 약 3배 증가"的报道，网址：https://www.kipo.go.kr/ko/kpoBultnDetail.do?menuCd＝DCD0200618&parntMenuCd2＝SCD0200052%aprchld＝BUT0000029&pgmSeq＝19125&ntatcSeq＝19125。

国企业"走出去"产生一定阻碍。为了加强对局部创新的保护，国家知识产权局和司法机关也作出了诸多努力，例如提高侵权判断中"局部要素"的影响权重❶、弱化图形用户界面外观设计的产品载体等，但这些改变仍难以完全替代局部外观设计保护制度，难以真正保护局部创新。

站在新的发展阶段，从我国国情出发，第四次专利法修改将局部外观设计纳入专利保护，为设计创新提供更全面的保护，这是我国知识产权保护制度的必然选择。

（一）保护局部创新是外观设计高质量发展的客观需求

在大多数产品领域，无论是从工业品外观设计的本质特征方面而言，还是从更好地满足人民对美好生活的需求，以及推动产业外观设计高质量发展，顺应国际趋势为我国企业走出去提供更多便利等方面来看，保护局部创新都是实现我国外观设计高质量发展的客观需求。

1. 局部创新源于工业品外观设计的本质特征

工业品外观设计一般是在产品功能限定的范围内进行的局部外观创新。工业品外观设计的组成在某种意义上而言就是设计特征的排列组合，将排列组合出来的所有设计都进行申请，显然是对资源的浪费，寻求单独的核心设计特征创新获得保护才是最优资源配置。另外，从设计流程来看，不同设计特征的完成周期不同，尽早提交局部设计特征的申请可获得更及时的保护。

2. 保护局部创新能更好地满足人民对美好生活的需求

习近平总书记在党的十九大报告中指出："中国特色社会主义进入新时代，我国社会主要矛盾已经转化为人民日益增长的美好生活需要和不平衡不充分的发展之间的矛盾。"随着我国经济高速发展，人民的基本物质需求已得到满足，如何满足人民日益增长的美好生活需要应当是设计创新的重要使命和担当。对于外观设计而言，满足人民日益增长的美好生活需要，就是满足不同个体审美追求和需求差异。保护局部外观设计有利于激励外观设计创新主体更专注于不同用户的需求和产品的细节，设计出更优质、便捷、多样

---

❶ 2010 年施行的《最高人民法院关于审理侵犯专利权纠纷案件应用法律若干问题的解释》第 11 条规定："下列情形，通常对外观设计的整体视觉效果更具有影响：（一）产品正常使用时容易被直接观察到的部位相对于其他部位；（二）授权外观设计区别于现有设计的设计特征相对于授权外观设计的其他设计特征。"该规定首次在侵权判断中明确了不同部位和不同设计特征的权重。

的产品，服务于人民日益增长的美好生活需求。

3. 保护局部创新有利于推动产业外观设计高质量发展

一般而言，知名品牌的产品外观设计已形成自身风格，并保持一定的延续性，而风格就体现在其保留了大量的局部设计特征从而带给消费者熟悉的整体视觉感受。另外，对于成熟产业，在一段时间内，由于技术的瓶颈，产品的设计空间较小，难以出现颠覆性的整体设计，不同品牌产品之间的差异往往体现在局部设计特征上。加之，在产业精细化分工下，一个整体产品生产厂家有大量的中上游生产厂商，各企业都仅生产产品的少数零部件，设计创新大多体现在局部。此外，我国还有大量的中小微企业，设计能力不足，对于这类创新主体而言，通过局部创新实现突破显然是其能力和水平较容易达到的，而保护局部外观设计更有利于产品的更新迭代，促进产业的高质量发展。

4. 保护局部创新有利于消除国内外制度壁垒

由于之前国内外局部外观设计保护制度的差异，一定程度上会影响我国申请人在海外申请时享有外国优先权，我国建立局部外观设计保护制度可以消除制度壁垒，更加便利申请人"走出去"。同时，我国已成为世界上外观设计申请量最大的国家，且已在 2022 年加入《工业品外观设计国际注册海牙协定》（以下简称《海牙协定》），局部外观设计保护制度的建立有助于中国制度与世界主要国家和地区的制度协调，更好地助力我国在国际合作中深度参与全球治理。

（二）我国已具备建立局部外观设计保护制度的条件

早在 2008 年第三次专利法修改时，就有纳入局部外观设计保护制度的呼声，鉴于当时我国所处的发展阶段，经过多方讨论和研究，未能增加局部外观设计保护制度。

第四次专利法修改时，经过多次调研和广泛座谈，了解到建立局部外观设计保护制度已是更多创新主体的诉求。首先，与第三次专利法修改时相比，我国的国情已发生明显变化。进入新发展阶段，中国企业正在实现从"中国制造"向"中国创造"，从"中国速度"向"中国质量"，从"中国产品"向"中国品牌"转变，中国创新主体的设计水平不断提高，中国设计屡屡在国际设计大赛上获奖，以往与国外企业设计水平的鸿沟逐渐被填平，甚至在某些领域处于领先地位。其次，随着创新主体和社会对外观设计专利的认识加深，局部外观设计保护制度的建立更有利于创新主体对产品的核心部位提交局部外观设计申请，而不是围绕局部创新申请多个防御性的衍生申请，从而降低创新主体的成本，同时节约行政资源。此外，党的十八大以来，先后成立了最高人民法院知识产权法庭和北京、上海、广州以及海南自由贸易港知识产权法院，能应对局部外观设计专利侵权判定工作，为司法保护创造了条件。

综上所述，从创新主体的设计创新能力，到外观设计保护体系的运行，都已满足建立局部外观设计保护制度的条件。将局部外观设计纳入我国专利法保护，必将为我国外观设计高质量发展增添新推力。

三、我国局部外观设计专利制度的主要内容

2021年6月1日实施的《中华人民共和国专利法》（2020年第四次修正，以下简称《专利法》）第2条第4款规定："外观设计，是指对产品的整体或者局部的形状、图案或者其结合以及色彩与形状、图案的结合所作出的富有美感并适于工业应用的新设计。"将局部外观设计纳入外观设计专利保护客体，并通过《专利法实施细则》和《专利审查指南2023》对局部外观设计保护制度进行了全面的设计。

（一）局部外观设计专利保护客体

就局部外观设计专利保护客体而言，除了满足与整体产品同样的客体要求，局部外观设计应当能够形成相对独立的区域并且构成相对完整的设计单元。此外，未结合形状要素的图案、不能单独出售且不能单独使用的构件不属于局部外观设计的保护客体。

（二）局部外观设计专利的实质性授权条件

局部外观设计专利的授权条件与整体外观设计专利的基本一致，但在具体判断上存在一些差异。在进行相同、实质相同和不具有明显区别的对比判断时，仅考虑局部外观设计所在整体产品的种类是不够的，还需要结合要求保护的局部的用途进行综合判断，同时还需考虑局部在整体中的位置和比例关系。

（三）局部外观设计专利申请的单一性

局部外观设计的单一性从判断对象到判断方式都更为复杂，主要体现

在：多个具有功能或者设计上的关联并形成特定视觉效果的局部的外观设计，可以作为一项外观设计提出申请；对于合案申请的同一产品的多项相似设计，判断对象应当属于同一整体产品的局部，且除了判断要求保护的局部是否相似，还要判断要求保护的局部在整体产品中的位置、比例关系是否属于常规变化。需要注意的是，局部外观设计不能作为成套产品的外观设计合案申请。

（四）局部外观设计专利优先权

局部外观设计专利申请优先权主题核实的条件与整体外观设计一致，均为"在后申请要求保护的外观设计清楚地表示在其首次申请中"。只要在后申请的设计内容清楚地记载在在先申请中，在后申请一般都可以享有优先权，与专利权的保护范围无关。

（五）局部外观设计专利的申请文件

局部外观设计专利申请应当在产品名称中写明要求保护的局部及其所在的整体产品。虚线与实线相结合是局部外观设计申请的图片或者照片首选方式，如果采用其他方式，只要能明确区分要求保护的部分与其他部分，也可以接受。简要说明中必须写明整体产品的用途，必要时应该写明要求保护的局部的用途，并与产品名称中体现的用途相对应。

涉及图形用户界面的局部外观设计存在一定特殊性，对其申请文件的要求也有别于其他产品局部外观设计的申请文件。例如，申请人可以根据设计的具体情况和保护需求，选择不带图形用户界面所应用产品的方式或者带有图形用户界面所应用产品的方式提交申请文件。再如，对于多级界面、动态图形用户界面和包含有内容画面的图形用户界面的申请文件，也都有专门的要求。因此，本书单列一章对涉及图形用户界面的局部外观设计申请文件进行阐述。

（六）局部外观设计专利申请文件的修改

对于局部外观设计专利申请，其修改是否超范围的判断方法与整体外观设计无异。如果申请日提交的图片或照片已清楚地表达产品的整体和各个局部的设计，无论是将保护范围由整体改为局部还是将局部改为整体，或者是在不同局部之间转换，只要修改后的内容在原视图中均已清楚表示，即属于不超范围的修改。但修改时机有限制，上述修改只有在申请日后 2 个月的主动补正期内作出才能被接受。

第二章 局部外观设计专利

保护客体

自 2021 年 6 月 1 日起实施的《专利法》（2020 年修正）首次在法律层面明确了局部外观设计在我国专利法中的客体地位，拓展了我国外观设计专利保护客体的范围。局部外观设计专利保护制度的建立，一方面顺应了设计发展的规律，另一方面也回应了创新主体的保护需求。

本章将从局部外观设计应当满足的条件、不授予外观设计专利权的情形以及涉及图形用户界面的局部外观设计三个方面对我国局部外观设计的保护客体进行分析解读。

第一节　局部外观设计应当满足的条件

《专利法》第 2 条第 4 款规定："外观设计，是指对产品的整体或者局部的形状、图案或者其结合以及色彩与形状、图案的结合所作出的富有美感并适于工业应用的新设计。"本条款是对外观设计的界定，表明专利法意义上的外观设计是什么，什么样的外观设计可以纳入专利法的保护范畴。从中可知，专利法意义上的外观设计应当满足五个条件：①以产品为载体；②产品整体或者局部的形状、图案或者其结合以及色彩与形状、图案结合；③富有美感；④适于工业应用；⑤新的设计。这是外观设计获得专利法保护的最基本的要求，无论是产品整体的外观设计还是局部外观设计，均需要满足这五个条件，五个条件缺一不可。下面将从这五个条件的角度分别对局部外观设计保护客体的一般性规定进行说明。

一、以产品作为载体

当今社会，"产品"的含义非常广泛，既包括有形的实体类产品，也包含了无形的服务类产品，如金融产品。但在外观设计专利语境下，"产品"一词仅指有形的实体产品。因此，我们说外观设计是产品的外观设计，实际指的是外观设计的载体应当是有形的实体产品。除此之外，"产品"还应当是工业产品，应用在产品之上的外观设计应当能够在工业生产中被复制。因此，不能重复生产的手工艺品、农产品、畜产品、自然物等，以及属于《中华人民共和国著作权法》（以下简称《著作权法》）中"作品"范畴的美术、书法、摄影作品等，均不能作为外观设计的载体。

产品的局部外观设计并不意味着局部外观设计的载体可以是产品的一部分，从《专利法》第2条第4款的规定分析，局部外观设计的前提是"产品"，其局部限定的是设计，而非产品，因此局部外观设计的载体与整体外观设计一样应当是完整的实体产品。如图2-1-1所示叉子的手柄，其使用实线绘制的要求保护的是叉子的手柄部分的局部外观设计，其手柄部分外观设计的载体仍然应当是完整的叉子，而不能仅仅是如图2-1-2所示叉子的手柄。

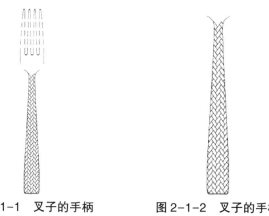

图2-1-1　叉子的手柄　　　　图2-1-2　叉子的手柄

对于局部外观设计而言，视图中所显示的承载局部外观设计的产品就是该局部外观设计的载体。如图2-1-3所示鞋底，视图中虚线与实线共同表达的产品是运动鞋，实线表达出要求保护的为鞋底的外观设计，那么这项局部外观设计的载体是运动鞋还是鞋底呢？很明显，该局部外观设计的载体是由虚线和实线共同表达的运动鞋。又如图2-1-4中所示鞋底的底部，视图中虚线与实线共同表达的产品是鞋底（鞋底属于可以作为完整产品进行外观设计专利申请的零部件），实线表达出要求保护的是鞋底的底部的局部外观设计，这时候，该局部外观设计的载体就是鞋底。总之，局部外观设计的载体是其视图所显示的承载局部外观设计的整体产品，是由要求保护的局部和不要求保护的部分共同限定的，二者缺一不可，即使要求保护的仅为鞋底的一部分，若其视图显示的承载产品为鞋，则其局部外观设计的载体就是鞋，而非鞋底。

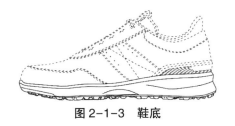

图 2-1-3　鞋底

图 2-1-4　鞋底的底部

此外，可以单独出售或者单独使用的产品的零部件本身就是一个完整的产品，可以作为产品的整体外观设计提交申请。在建立局部外观设计保护制度之后，此类零部件仍然可以完整零部件的形式提交整体外观设计专利申请，也可作为其构成产品的局部外观设计提出专利申请，甚至将其本身作为产品载体，要求保护其局部外观设计。例如榨汁机的底座，申请人可以将其单独作为整体外观设计进行专利申请，如图 2-1-5 所示；也可以将其作为榨汁机的局部外观设计提出申请，如图 2-1-6 所示；还可以将榨汁机底座的局部外观设计提出申请，如图 2-1-7 所示，即整体产品为零部件——榨汁机底座，要求保护的局部为实线绘制的榨汁机底座的主体部分。

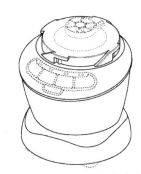

图 2-1-5　榨汁机底座　　图 2-1-6　榨汁机底座　　图 2-1-7　榨汁机底座的主体

二、产品局部的形状、图案和色彩三要素

形状、图案和色彩是构成外观设计的三要素。《专利审查指南 2023》对设计的三要素作了进一步的解释，即"形状，是指对产品造型的设计，也就是指产品外部的点、线、面的移动、变化、组合而呈现的外表轮廓，即对产品的结构、外形等同时进行设计、制造的结果"。"图案，是指由任何线条、文字、符号、色块的排列或者组合而在产品的表面构成的图形。图案可以通

过绘图或者其他能够体现设计者的图案设计构思的手段制作"。"色彩，是指用于产品上的颜色或者颜色的组合，制造该产品所用材料的本色不是外观设计的色彩"。

根据《专利法》第2条第4款的规定，可以构成外观设计的组合有六种，分别是：产品的形状；产品的图案；产品的形状和图案；产品的形状和色彩；产品的图案和色彩；产品的形状、图案和色彩。单纯色彩不能单独构成外观设计。

在建立局部外观设计保护制度后，在《专利审查指南2023》中，以"不授予外观设计专利权的情形"的方式将单纯的图案以及图案与色彩的组合排除在局部外观设计专利保护客体之外。需要说明的是，这里所说的产品的单纯图案以及色彩与图案的结合的情况，不包括涉及图形用户界面的产品的设计。因此，可以构成局部外观设计的组合有以下四种：产品局部的形状（如图2-1-8所示杯子的类似蝴蝶翅膀形状的把手）；产品局部的形状和图案（如图2-1-9所示台灯灯柱及其表面的五角星图案的结合）；产品局部的形状和色彩（如图2-1-10所示椅子的灰色长方形椅背）；产品局部的形状、图案和色彩（如图2-1-11所示玩具人偶的头部及其表面带有色彩的人偶面部表情图案）。可以发现，上述四种情形中都包含了产品局部的形状，由此可见，构成局部外观设计的必须包含有形状要素，并且该形状能够形成独立区域并且构成相对完整的设计单元，本章第二节将对此进一步说明。

图 2-1-8　水杯的杯把

图 2-1-9　台灯的灯柱

图 2-1-10　椅子的靠背（彩图）　　图 2-1-11　玩具人偶的头部（彩图）

三、适于工业应用

适于工业应用，是指外观设计能应用于产业上并形成批量生产。这里的"适于工业应用"指的是具有能够应用于产业上并形成批量生产的可能性，并不是已经应用于产业上并且一定形成了批量生产。比如一款概念车的外观设计，可能因技术、市场等原因并未投入实际的生产，但是该项设计能够应用到汽车产业上并形成批量生产是毋庸置疑的，因此概念车的外观设计是适于工业应用的。但是对于不符合客观规律的外观设计，哪怕是使用了"概念"的用语，也不能认为该外观设计适于工业应用。

对于局部外观设计适于工业应用，实质上指的是承载所要求保护的产品的整体外观设计应当适于工业应用，而不再考究产品的局部是否适于工业应用，在这一点上与整体产品的外观设计适于工业应用的要求是相同的，即该整体产品的外观设计能应用于产业上并形成批量生产。

四、富有美感

"美感"是人对事物认识的主观感受，属于人的心理的内在体会。人对美感的认识会受到地域、文化、信仰等因素的影响，即使同一个人在不同时期对美感的判断也会得出不同的结论。因此，美感是主观性很强的用语，在判断是否"富有美感"时也就会产生一定的差异。在专利法中将"富有美感"作为外观设计专利保护客体的一个重要因素，重点不在于对是否具有美感的判断，而在于表明外观设计专利保护的是产品的外观给人的视觉感受，而不是保护产品的功能特性或者技术效果；体现的是对美好生活的向往，引导的是外观设计的创新方向，让产品的设计更时尚、有个性，更具视觉的吸引力。

17

对于局部外观设计是否"富有美感",考究的仍然是外观设计专利保护客体的属性,关注的仍然是产品的局部外观设计使人产生的视觉感受,与发明和实用新型专利权技术方案的属性区分开来。由此可以看出,产品的局部外观设计同样应当富有美感,是一种使人产生视觉感受的设计方案,而不是解决技术问题的技术方案。

在实践应用中,对于是否富有美感,通常仅做定性判断,而不做定量判断。但是对于纯功能性设计或者基本从功能或技术角度出发作出的设计,无论是产品的整体设计,还是产品的局部设计,一般来说很难被认为是富有美感的设计。

五、新设计

"新"是对外观设计专利的设计方案性质的界定,也是对外观设计专利的本质要求,如果一项产品的外观设计不具有创新性,则不能获得外观设计专利的保护。

这里所说的"新"设计,是指前无古人的设计,只要是与"旧"设计或者现有设计均不同的设计,就满足外观设计专利保护客体中这一条件的基本要求。但是该项新的设计能否获得外观设计专利权,则需要看其是否能够满足《专利法》第23条第1款、第2款的规定。因此,《专利法》第2条第4款中所述"新设计"仅是对可获得外观设计专利保护的一般性定义,而不是获得外观设计专利权的实质性条件。对于是否满足新设计的一般性要求,通常根据一般消费者的常识进行判断。如果一项外观设计明显属于自然物仿真设计或者是仅以在其产品所属领域内司空见惯的几何形状和图案构成的外观设计,那么该外观设计就会被认为不是新设计。

对于局部外观设计来说,所要求保护的产品的局部外观设计也应当属于新设计。在判断一项局部外观设计是否属于新设计时,是基于产品的局部设计本身进行的,仅需考量其要求保护的局部是不是新设计,而不需要考量产品的整体及不要求保护的其他部分的外观设计,即产品整体及不要求保护的其他部分的外观设计是否为新设计对局部外观设计的判断不具有任何影响。

如图2-1-12所示鱼饵的主体和如图2-1-13所示鱼饵的鱼钩,二者的整体均为鱼饵的外观设计,其主体部分均为对鱼的仿真设计,但二者要求保护的部分不同,就会得到不同的结论。图2-1-12所示鱼饵的主体,要求保护的是鱼形主体部分的外观设计,而该主体设计模仿了真实的鱼,因此该局部外观设计属于自然物的仿真设计,不是新设计。而图2-1-13中所示鱼饵的鱼钩，虽然其主体设计模仿了真实的鱼，但其要求保护的是未使用透明灰色覆盖的鱼钩的外观设计，因此无须考量其中鱼的外观设计是不是"新"设计，仅需对其中的鱼钩进行判断即可。很明显该鱼钩并不是对自然物的模仿，因此鱼饵的鱼钩不属于自然物的仿真设计，属于局部外观设计专利的保护客体。

图 2-1-12　鱼饵的主体

图 2-1-13　鱼饵的鱼钩（彩图）

　　如图 2-1-14 所示凳子的凳面，其整体产品为凳子，由凳面和支脚组成。从整体来看，凳子的设计较为新颖，满足了外观设计专利保护客体中对"新设计"的要求，但是由于其要求保护的局部为圆形凳面的外观设计，而该圆形凳面在凳子类产品中属于司空见惯的几何形状，因此该局部外观设计明显不是新设计，不能获得外观设计专利权。若申请人希望该设计创新获得专利的保护，可以通过以凳子整体外观设计的方式或者要求保护其他局部的方式进行专利申请。

图 2-1-14　凳子的凳面（彩图）

　　需要说明的是，一项外观设计满足专利保护客体的条件，并不一定能够获得外观设计专利权的保护，还需要满足诸如不属于现有设计、与现有设计相比具有明显区别等授权的实质性条件。对于局部外观设计来说，必要时还需要考虑产品整体的外观设计，如产品的整体外观设计属于违反法律、社会公德或者妨害公共利益的情形，则属于不授予专利权的主题等。

第二节　不授予外观设计专利权的情形

《专利法》第2条第4款在法律层面从五个角度表明了对外观设计专利保护客体的要求，但在专利申请和审查实践中仍存在"是否属于保护客体"的疑惑，为规避此类问题的发生，在专利审查指南的层面上以列举的方式对此进行规范，作为对《专利法》第2条第4款规定适用的进一步解释。《专利审查指南2023》第一部分第三章第7.4节列举了11种不授予外观设计专利权的情形，内容涉及建筑物、无固定形状物品、组件产品的构件、自然物、作品、文字和数字、图形用户界面和局部设计等，其中三种情形与局部外观设计专利的保护客体密切相关。下面将重点就局部外观设计的相关内容进行阐述。

一、不能在产品上形成相对独立的区域或者构成相对完整的设计单元的局部外观设计

产品的局部是指产品中不能通过物理方法进行分割的部分，一个产品可以分割成若干个局部，并且这若干个局部之间可以是相互无关联的并列关系，也可以是你中有我、我中有你的相互交织的关系，比如汽车可以分割为汽车前脸、车门、汽车尾部等各不相连的多个局部，也可以分割为汽车侧部（包括车门）、腰线、车门以及车门把手等相互交织的多个局部。产品任意截取的部分是否都属于外观设计专利的保护客体？答案当然是否定的。为切实保护设计创新，引导并规范外观设计专利申请，防止滥用局部外观设计制度，《专利审查指南2023》对局部外观设计的"局部"进行了反向界定，在不授予外观设计专利权的情形下列举了"不能在产品上形成相对独立的区域或者构成相对完整的设计单元的局部外观设计"。对于申请外观设计专利的局部外观设计而言，如果不能形成相对独立的区域或者构成相对完整的设计单元，则不属于局部外观设计的保护客体。换言之，申请外观设计专利的局部外观设计需要同时满足"能够在产品上形成相对独立的区域"和"能够在产品上构成相对完整的设计单元"两个条件。

一般来说，"相对独立的区域"和"相对完整的设计单元"这两个条件是统一的。可以从三个方面进行理解，首先，产品的局部外观设计应当占据

一定的实体空间；其次，该实体空间应当具有相对的独立性；最后，该实体空间应当构成相对完整的设计单元。在实践中，如果一项局部外观设计能够形成相对独立的区域，从设计的角度来看，大多也能构成相对完整的设计单元；如果一项局部外观设计能够构成相对完整的设计单元，通常能形成相对独立的区域。

（一）局部外观设计应当占据一定的实体空间

"能够在产品上形成相对独立的区域"和"能够在产品上构成相对完整的设计单元"两个条件，均指向一个共同的要求，即局部外观设计应当占据一定的实体空间。

如图 2-2-1 所示包装盒的棱线，要求保护的是包装盒边缘的一段曲线的设计，该棱线是由上表面和侧面垂直相交后形成的，无法抛开上表面和侧面单独来看待棱线，虽然棱线具有一定的形状，但其仅仅是一个线条，并没有占据一定的实体空间，所以包装盒的棱线不属于局部外观设计专利的保护客体，不能获得外观设计专利的保护。

如图 2-2-2 所示水杯的杯把，要求保护的是水杯侧部的杯把的外观设计，杯把具有三维立体形状，符合局部外观设计专利保护客体占据一定实体空间的要求。从设计的角度看，杯把已经形成了独立于杯子的区域，与杯身有结构上的明显区分，并且构成了完成杯子的握持功能的设计单元，形成了相对独立的部分。所以，水杯的杯把属于局部外观设计专利保护的客体。

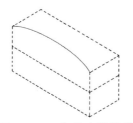

图 2-2-1　包装盒的棱线　　　图 2-2-2　水杯的杯把

（二）局部外观设计应当具有相对的独立性

局部外观设计在满足占据一定实体空间的前提下，还需要判断该实体空间是否具有相对的独立性。在实践中，实体空间是否具有相对的独立性，实质上是要求保护的局部外观设计应当能够与产品的其他部分区分开来，能够构成独立的部分。这里的"区分"是相对的，不是绝对的，我们可以从结构、功能和视觉三个方面依次进行分析判断。

1. 结构上独立

如果该局部外观设计表达的是整体产品中可拆卸的零部件，其与产品的其他部分的分界线位于该零部件与其他部分相连接之处，在结构上是可以区分开来的，那么该局部可以视为形成了相对独立的区域，即具有结构上的独立性。如图2-2-3所示，要求保护的是椅子的靠背的外观设计，与产品其他部分的分界线为靠背与其他部分的连接处，很明显靠背在结构

图2-2-3　椅子的靠背（彩图）

上与椅子的其他部分是可区分的，具有结构上的独立性，因此靠背可以形成相对独立的区域。

这里需要说明的是，产品的零部件可以通过局部外观设计的方式提交专利申请，但是其保护范围与以整体零部件形式提交的外观设计专利略有不同。以整体零部件形式提交的外观设计专利申请，其视图呈现的是该零部件全部设计特征的外观设计，无须表达该零部件安装状态的视图；而通过局部外观设计方式提交的外观设计专利申请，视图中通常显示的是零部件安装在整体产品上的状态，其安装结构通常是被遮挡的，因此以这种方式提交的局部外观设计的保护范围，一般不包括零部件不可视的安装结构，但是该零部件在整体产品中的位置和比例关系会得到保护。

2. 功能上独立

如果该局部外观设计表达的不是整体产品中可拆卸的零部件，产品的局部与其他部分在结构上不可分，则需要考虑是否能够在功能上区别开来，即该局部外观设计本身要具有一定的功能，能够与产品的其他部分明显区别开来，那么该局部的功能就独立于其他部分，即具有功能上的独立性。如图2-2-4所示椅子的靠背，从椅子整体来看，由椅座、支架和支撑轮三个零部件组成，其中支架部分是椅子的主体，起到了椅腿的支撑和椅背的倚靠功能，

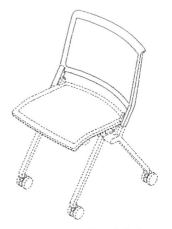

图2-2-4　椅子的靠背

虽然椅腿与椅背是一体成型，在结构上不具有独立性，但其上半部分为椅背，实现供人倚靠的功能，下半部分为椅腿，实现支撑的功能，要求保护的椅背部分与其他部分可以通过功能区分开来，因此椅背的功能独立于椅子的其他部分，具有功能上的独立性，形成了相对独立的区域。

3. 视觉上独立

如果产品的局部与其他部分在结构和功能上都难以区分，则需要考虑是否能够从视觉上与其他部分区别开来。如果该局部外观设计具有相对独立的设计特征，能够与其他部分明显区别开来，那么该局部与其他部分才具有视觉上的可区分性，即具有视觉上的独立性。如图 2-2-5 所示水瓶的下部，要求保护的是水瓶瓶体下方带有凹凸结构的回转体部分的外观设计，很明显该回转体是整体水瓶不可分割的一部分，没有结构上的独立；从功能上看，

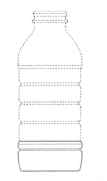

图 2-2-5　水瓶的下部

该回转体与水瓶的其他部分共同实现"一个容器"的功能，没有独立于水瓶其他部分的功能，也不具有功能上的独立。但是，该回转体与其上部存在明显的界限，在视觉上可以清楚地将该局部与水瓶的其他部分区分开来，具有视觉上的可区分性，因此水瓶的上部在视觉上独立于水瓶的其他部分，能够构成相对独立的区域。

（三）构成相对完整的设计单元

局部外观设计在满足占据一定实体空间并且该实体空间具有相对独立性的前提下，还需要判断该局部是否为相对完整的设计单元。对于局部外观设计来说，要求保护的局部外观设计是相对完整的设计单元，实质上是指该局部是确定的、相对完整的。如图 2-2-6 所示勺子的勺头，图中使用实线绘制了勺头部分，表示勺头是要求保护的局部外观设计，在勺头与勺柄的连接部位以点划线进行分界表示要求保护的局部和其他部分。从图面来看，要求保护的勺头占据了三维立体空间，具有一定的功能，并且具有确定的、完整的设计特征，因此勺子的勺头属于局部外观设计的保护客体。而图 2-2-7 所示，同样是勺子的勺头，其以实线绘制了勺子勺头的前部表示该处是要求保护的局部，勺头的后部使用虚线绘制，表示该处是不要求保护的部分，但勺头后部虚线部分的半椭圆形与实线绘制的部分实际上是一体的，点划线截

断部位的线条明显表达出向内收的变化趋势，因此，可以看出图 2-2-7 中要求保护的勺头的前部明显不具有完整且确定的设计特征，不能构成完整的设计单元，不属于局部外观设计专利的保护客体。同样地，图 2-2-8 所示路灯的灯柱、图 2-2-9 所示手链的连接部、图 2-2-10 所示水瓶的中部、图 2-2-11 所示碟子的一角，要求保护的局部均为产品整体中随意截取的部分，不具有完整且确定的设计特征，也就未构成相对完整的设计单元，因此均不属于局部外观设计专利的保护客体。

图 2-2-6　勺子的勺头（保护客体）

图 2-2-7　勺子的勺头（非保护客体）

图 2-2-8　路灯的灯柱（彩图）

图 2-2-9　手链的连接部（彩图）

图 2-2-10　水瓶的中部（彩图）

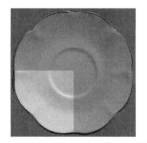

图 2-2-11　碟子的一角（彩图）

二、仅为产品表面的图案或者图案和色彩相结合的局部外观设计

在《专利审查指南 2023》第一部分第三章第 7.4 节不授予专利权的情形中的"（11）要求专利保护的局部外观设计仅为产品表面的图案或者图案与色彩相结合的设计。如摩托车表面的图案"表明局部外观设计的保护客

体不包含产品局部的单纯图案设计以及产品局部的图案与色彩相结合的外观设计。

在实践中，是否属于上述第（11）项规定的情形，包括三个要件：①局部；②产品表面；③由图案或者图案与色彩相结合的设计。下述将结合案例进行分析。

（一）要求保护的是产品的局部

产品的局部，是指要求保护的局部不是产品的任意截取或随意分割的部分，其在产品上形成了相对独立的区域且构成相对完整的设计单元。

对于由形状、图案和色彩三要素构成的外观设计，不能将形状、图案和色彩要素割裂开来，单独对其某一设计要素进行判断，而是要将形状、图案和色彩作为整体进行判断，看其是否满足"在产品上形成相对独立的区域并构成相对完整的设计单元"的条件，具体详见本节第一部分。

（二）要求保护的局部位于产品的表面

图案是指由任何线条、文字、符号、色块的排列或者组合而在产品的表面构成的图形，色彩是用于产品上的颜色或者颜色的组合，不论图案和色彩的具体样式及组合如何变化，其均具有表面的可附着性。对于由造型结构形成的"立体图案"，虽然在视觉上产生了图形化的视觉效果，但仍不能将其认为是位于产品的表面。

如图 2-2-12 所示椅子靠背的雕花，其雕花是通过雕、刻等手法形成物品的凹凸结构变化，展示出具有三维立体空间感的、类似于图案的可视设计，应认为，雕花不是产品表面的图案设计，而是通过形状变化呈现的立体图形，因此，椅子靠背的雕花设计属于局部外观设计专利的保护客体。

图 2-2-12　椅子靠背的雕花（彩图）

如图 2-2-13 所示，要求保护的是蕾丝花边的单元的局部外观设计，视图显示的是产品的通透的镂空结构及编织形状相结合的设计，虽然产品很薄，但不是物品表面的图案，不属于"仅为产品表面的图案或者图案与色彩相结合的设计"，而应按照立体产品的规则进行判断。很明显蕾丝花边满足了"在产品上形成相对独立的区域并构成相对完整的设计单元"这一条件，因此，蕾丝花边的单元属于外观设计专利保护的客体。这里需要注意的是，若视图表达的蕾丝花边的单元体不完整，则认为其在产品上不能构成相对完整的设计单元，不能得到外观设计专利的保护。

图 2-2-13　蕾丝花边的单元（彩图）

（三）由图案或者图案与色彩相结合的设计

要求保护的局部不包含形状要素，其实质上仅由图案或者图案与色彩的结合构成。对于平面产品来说，这里不需考虑要求保护的局部的形状要素，任何二维产品的局部外观设计均可认为是针对产品表面的图案或者图案与色彩相结合的局部外观设计。

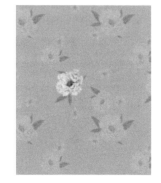

如图 2-2-14 所示，要求保护的是花布的图案设计，该图案位于花布表面，花布属于平面产品，其要求保护的局部形状是花朵外边缘不规则的形状，但是其实质上仍是花布表面图案与色彩相结合的设计，因此，花布的图案不属于外观设计专利的保护客体。

如图 2-2-15 所示，无论要求保护的是 T 恤衫的图案还是 T 恤衫的前襟的设计，因该 T 恤衫属于平面产品，其实质要求保护的均为 T 恤衫的表面图案设计，因此，无论 T

图 2-2-14　花布的图案（彩图）

恤衫的图案还是 T 恤衫的前襟均不属于外观设计专利的保护客体。

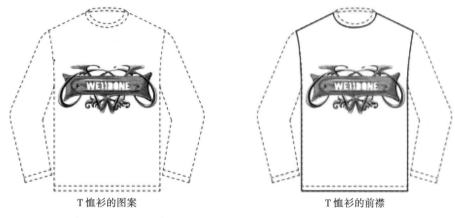

T 恤衫的图案   T 恤衫的前襟

图 2-2-15   T 恤衫的局部设计

实践中，要求保护的局部是否包含形状要素，一般通过产品名称结合图片或者照片显示的要求保护的部分进行判断，若产品名称为××图案或者类似名称，如帽子的前部图案，图片或者照片中以实线绘制的表达要求保护的仅仅是产品表面的图案设计，这时则认为要求保护的局部不包含形状要素，该产品的局部图案设计不属于外观设计专利的保护客体。如图 2-2-16 所示，要求保护的是水杯的装饰图案的外观设计，其产品名称为水杯的装饰图案，图片或者照片显示要求保护的是灰色以外部分的设计，与产品名称表达一致，很明显，该要求保护的局部并未包含形状要素，因此，水杯的装饰图案设计不属于外观设计专利的保护客体。

图 2-2-16   水杯的装饰图案（彩图）

如图 2-2-17 所示，要求保护的是包装盒前面的设计，其产品名称为包装盒的前面，图片或照片显示的是未使用蓝色透明层覆盖区域的设计，与产品名称表达一致。虽然该面依托于三维立体产品包装盒，但是该面并未占据一定的三维实体空间，要求保护的局部表达的仅仅是一个平面，实质上仍是保护附着于产品表面的图案及色彩相结合的设计，因此，要求保护的包装盒一个面的局部设计不属于外观设计专利的保护客体。

如图 2-2-18 所示，要求保护的是包装盒的前部的局部外观设计，其产品名称为包装盒的前部，图片或者照片显示的是未使用蓝色透明层覆盖区域的设计，与产品名称表达一致。该局部不仅包含有包装盒前部表面的图案及色彩，还包含了包装盒前部的形状，占据一定的三维实体空间，但是其表面的图案截取比较随意，不具有完整性，整体看来，要求保护的局部不能构成相对完整的设计单元，因此，该要求保护的包装盒的前部的局部外观设计不属于外观设计专利的保护客体。

图 2-2-17　包装盒的前面（彩图）

图 2-2-18　包装盒的前部（彩图）

三、组件产品中不能单独出售且不能单独使用的构件

组件产品是指由多个构件相结合构成的一件产品，包含三种类型：①组装关系唯一的组件产品，如拼图玩具、由水壶和加热底座组成的电热开水壶；②组装关系不唯一的组件产品，如插接件玩具；③无组装关系的组件产品，如扑克牌。

组件产品中的哪些构件的设计可以获得外观设计专利的保护呢？《专利审查指南 2023》第一部分第三章第 7.4 节第（3）项中以反向举例的方式给出了明确答案，即"对于由多个不同特定形状或者图案的构件组成的产品，如果构件本身不能单独出售且不能单独使用，则该构件不属于外观设计专利保护的客体。例如，一组由不同形状的插接块组成的拼图玩具，只有将所有插接块共同作为一项外观设计专利申请时，才属于外观设计专利保护的客体"。该规定在建立局部外观设计专利保护制度后，并未对其进行修改，表明了组件产品中只有不能单独出售且不能单独使用的构件，才属于不给予外观设计专利保护的客体。而组件产品中能够单独出售或者单独使用的构件，均可以作为外观设计专利的保护客体。

虽然建立局部外观设计专利保护制度后，继续使用"不能单独出售且不能单独使用"来限定组件产品构件的用语，易造成对局部外观设计理解的疑惑，但是上述规定的初衷主要在于规范棋牌、拼接玩具及类似产品。在此范围内，组件产品中不能单独出售且不能单独使用的构件既不能被认为是整体产品的零部件，以产品整体外观设计的形式进行专利申请，也不能被认为是产品的局部，以局部外观设计的方式申请专利，并且该构件上的局部外观设计也不能获得专利保护。

如图 2-2-19 所示的拼图，其所有拼接片通常是同时出售并且同时使用的，其单个拼接片不具有独立使用价值，一般不能够单独出售且单独使用。因此，只有将拼图的所有拼接片作为一项整体外观设计进行申请，才属于外观设计专利的保护客体。而如图 2-2-20 所示拼图的单个拼接块，由于其不能单独出售且单独使用，不具有独立的使用价值，就不能作为外观设计专利的保护客体获得保护。同样如图 2-2-21 所示，该单个拼接块也不能作为局部外观设计专利的保护客体。

图 2-2-19　拼图（彩图）

图 2-2-20　拼图的拼接片（彩图）

图 2-2-21　拼图的拼接片（彩图）

但是，对于拼接玩具中可以单独出售或者单独使用的单个构件以及该构件的局部，则可以作为外观设计专利的保护客体。

第三节　涉及图形用户界面的局部外观设计

　　图形用户界面（Graphical User Interface，GUI）是指采用图形方式显示的计算机操作用户界面。自 20 世纪 70 年代开发出第一个图形用户界面以来，图形用户界面不仅开启了人与计算机交互的全新方式，也在近年来广泛应用于智能手机、家用电器等电子产品上，极大地方便了人们的工作和生活。

　　我国对图形用户界面设计的外观设计专利保护始于 2014 年 5 月 1 日。国家知识产权局第 68 号局令决定修改《专利审查指南 2010》，删除其第一部分第三章第 7.2 节中"产品的图案应当是固定的、可见的，而不应是时有时无的或者需要在特定的条件下才能看见的"文字，并将"不授予外观设计专利权的情形"中的第（11）项修改为"游戏界面以及与人机交互无关或者与实现产品功能无关的产品显示装置所显示的图案，例如，电子屏幕壁纸、开关机画面、网站网页的图文排版"。自此，图形用户界面设计在我国成为外观设计专利的保护客体，适应了相关创新主体的知识产权保护需求。

　　但是，由于我国《专利法》要求外观设计必须以产品作为载体，图形用户界面同样需要满足这一要求，这在一定程度上与图形用户界面的通用性特点相矛盾。为了适应经济社会发展的新变化，国家知识产权局第 328 号公告公布了关于修改《专利审查指南 2010》的决定，允许以显示屏幕面板作为图形用户界面的载体，自 2019 年 11 月 1 日开始实施，一定程度上缓解了界面通用性与固定载体之间的矛盾。

　　2021 年 6 月 1 日实施的第四次修改后的《专利法》，建立了局部外观设计保护制度，对于图形用户界面的外观设计保护具有重要意义。局部外观设计虽然仍以整体产品作为载体，但整体产品的设计对于要求保护的部分的影响力明显弱化。图形用户界面若以产品局部的形式提出外观设计专利申请，其产品本身对图形用户界面的影响就会大大降低。《专利审查指南 2023》规定图形用户界面的载体可以是电子设备，进一步适应了通用图形用户界面的保护需要，为图形用户界面设计的全面、有效保护提供了法规基础。

　　本节将从保护客体的角度，分析作为局部外观设计的图形用户界面应当满足的条件，以及不授予外观设计专利权的情形。

一、应当满足的条件

涉及图形用户界面的产品的外观设计，除应当满足前述外观设计专利保护客体的五个条件外，还应当满足以下要求。

（一）作为图形用户界面的载体可以是具体产品，也可以是电子设备

局部外观设计应当以产品为载体，涉及图形用户界面的外观设计也不例外。根据《专利审查指南 2023》的规定，对于局部外观设计专利申请，图形用户界面的载体包括以下两种情形：

（1）图形用户界面的载体是具体的产品，这与其他局部外观设计的载体的要求相同，如带有控制界面的打印机、手机的通信软件图形用户界面等。

（2）图形用户界面的载体以"电子设备"笼统表述，不需要表达明确的实体产品，如电子设备的视频点播图形用户界面。这是图形用户界面作为局部外观设计专利保护客体在"以产品为载体"方面的特殊之处，也是《专利审查指南 2023》在现有法律体系之下对图形用户界面通用性特点的积极回应。

载体是具体产品的图形用户界面，其所应用的产品是确定的，具体要求与实体产品相同，如图 2-3-1 所示的手机的通信软件图形用户界面。载体是"电子设备"的图形用户界面，由于其可以应用在多个不同的产品上，就导致难以在图片或者照片中对其所应用的全部产品进行充分的表达，因此《专利审查指南 2023》第一部分第三章第 4.5.2.2 节规定，这类图形用户界面外观设计可以在图片或者照片中省略其载体产品，仅表达出界面设计即可，如图 2-3-2 所示电子设备的菜单功能控制图形用户界面。视图中没有体现图形用户界面的载体并不意味着图形用户界面申请可以没有载体，而是将电子设备作为图形用户界面的载体体现在请求书中的产品名称以及外观设计简要说明中。

图 2-3-1　手机的通信软件　　　　图 2-3-2　电子设备的菜单功能
　　　　图形用户界面　　　　　　　　　控制图形用户界面

需要注意的是，不仅完整的图形用户界面可以作为具体产品或者电子设备的局部获得外观设计专利的保护，图形用户界面中的一部分也可以成为局部外观设计专利的保护客体。当要求保护的局部仅为图形用户界面的一部分时，要求保护的部分的载体仍然是界面所应用的具体产品或者电子设备，而不是其所在的完整界面，因为图形用户界面不被视为专利法意义上的"产品"。

（二）与人机交互有关

"人机交互"通常是指人与物之间，通过如点击、触摸、滑动等一定的交互方式，完成指令、反馈、状态等信息传递的过程。对于纳入外观设计专利保护客体的图形用户界面，要求其"应当不属于与人机交互无关的显示装置所显示的图案"，也就是图形用户界面应当能够进行"人机交互"，并且通过人机交互能够实现具体功能。

在判断一项外观设计是否属于与人机交互无关的显示装置所显示的图案时，其判断基础一般为要求保护的内容。如果以完整的图形用户界面作为要求保护的内容，需要判断整体界面中是否有能够人机交互并实现具体功能的设计；如果以图形用户界面中的一部分作为要求保护的内容，则需要判断要求保护的部分是否用于人机交互并实现具体功能。也就是说，如果要求保护的是图形用户界面中的一部分，虽然整体界面存在人机交互能够实现具体功能，但只要其要求保护的局部无法进行人机交互或者能够进行人机交互但不能实现具体功能，那么该局部则属于与人机交互无关的图案，不能作为外观设计专利的保护客体。如图 2-3-3 所示平板电脑的开机图案图形用户界面，要求保护的是图形用户界面中的开机图案设计，该局部显示的仅仅是电脑的开机画面，并未通过人机交互实现具体的功能，属于与人机交互无关的图案设计，不属于局部外观设计专利的保护客体。

图 2-3-3　平板电脑的开机图案图形用户界面

（三）形成相对独立的区域且构成相对完整的设计单元

如何判断产品的局部外观设计是否属于相对独立的区域或者相对完整的设计单元，在本章第二节中已经进行了详细说明。鉴于图形用户界面的外观设计属于显示在屏幕表面的设计，在判断时不必考究其是否占据一定的实体空间，而仅需要判断该局部是否具有相对的独立性，并且是否能够构成完整的设计单元。具体的判断与其他产品的局部外观设计的判断类似。

1. 要求保护的是完整的图形用户界面

当要求保护的局部是整个图形用户界面时，如图 2-3-4 所示电子设备的记事本图形用户界面，其界面最外侧的边框可以认为是其与整体产品之间的分界线，相对于整体产品而言，该局部与实体产品具有结构上的独立性，形成相对独立的区域，并且构成了相对完整的设计单元，属于局部外观设计专利的保护客体。

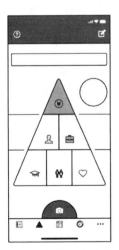

图 2-3-4　电子设备的记事本图形用户界面

33

2. 要求保护的是图形用户界面的局部

当要求保护的是图形用户界面中的某一局部时，只要该局部本身可以在功能上或视觉上与界面的其他部分明显区分，则可以认为满足相对独立的区域和相对完整的设计单元的要求。如图 2-3-5 所示电子设备的记事本图形用户界面的功能分区，视图中用实线绘制的三角形图案设计是要求保护的局部外观设计，该局部与界面的其他部分之间存在明显的分界线，可以在视觉上轻易地将该局部与其他部分区分开来，因此该局部形成了相对独立的区域，且构成了完整的设计单元，属于局部外观设计专利的保护客体。

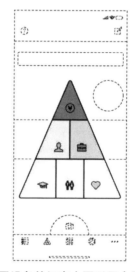

图 2-3-5 电子设备的记事本图形用户界面的功能分区

当要求保护的是图形用户界面中的多个局部时，通常情况下，只要各局部均能在功能上或视觉上与界面的其他部分明显区分，就可以认为满足相对独立的区域和相对完整的设计单元的要求，属于外观设计专利的保护客体。至于这些局部是否可以作为一项外观设计提出申请，属于单一性的问题，将在本书第四章中进行具体分析。

二、不授予外观设计专利权的情形

《专利审查指南 2023》第一部分第三章第 7.4 节"不授予外观设计专利权的情形"中的第（9）项为"游戏界面以及与人机交互无关的显示装置所显示的图案，例如，电子屏幕壁纸、开关机画面、与人机交互无关的网站网页的图文排版"。此项表明即使建立了局部外观设计专利保护制度，图形用户界面中与人机交互无关的局部以及游戏界面仍然不属于外观设计专利的保护客体。

（一）　与人机交互无关的显示装置所显示的图案

电子屏幕壁纸（如图2-3-6所示）、开关机画面（如图2-3-7所示）、与人机交互无关的网站网页的图文排版（如图2-3-8所示）是《专利审查指南2023》中明确列举的三种与人机交互无关的情形。早在2014年，根据国家知识产权局第68号局令，该三种情形就因与人机交互无关而被排除在外观设计专利的保护客体之外。在建立局部外观设计专利保护制度之后，涉及这三种情形的局部外观设计仍然不能作为外观设计专利保护客体获得外观设计专利的保护。

图2-3-6　电子屏幕壁纸　　　图2-3-7　开关机画面　　　图2-3-8　网页图文排版

需要明确的是，虽然能够进行人机交互，但交互的目的不是用于实现具体功能的局部外观设计，也会被认为属于与人机交互无关的情形，不属于局部外观设计专利的保护客体。如图2-3-9所示电子设备的可旋转视角观测图形用户界面，通过手指在屏幕上拖动，可以旋转界面中的3D图标，使其发生由主视图到变化状态图的变化。由于这种交互仅展示了3D图标本身，并没有实现任何具体的功能，该图形用户界面的外观设计不属于外观设计专利的保护客体。

主视图 变化状态图

图2-3-9 电子设备的可旋转视角观测图形用户界面

（二）游戏界面

《专利审查指南2023》在"不授予外观设计专利权的情形"中明确游戏界面不属于外观设计专利的保护客体。在判断一项专利申请是否属于游戏界面时，一般以整体界面为判断基础，也就是说，只要界面的整体为游戏界面，无论要求保护的是整体界面还是界面的局部，均不属于局部外观设计专利的保护客体。如图2-3-10所示电子设备的游戏图形用户界面的控制按钮，其整体界面为游戏界面的启动界面，要求保护的局部为界面底部的菜单栏的外观设计，由于整体界面属于游戏界面，因此该局部设计也不能够获得外观设计专利的保护。

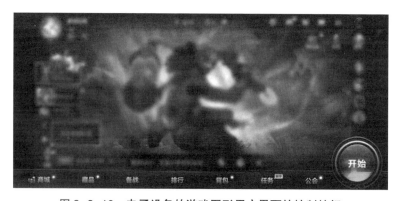

图2-3-10 电子设备的游戏图形用户界面的控制按钮

第三章 局部外观设计专利

实质性授权条件

局部外观设计专利申请获得授权，需要满足一定的条件。例如，应当是局部外观设计专利的保护客体，申请文件应当能够清楚表达要求保护的局部外观设计，应当不属于违反法律、社会公德和妨害公共利益的发明创造等。这些都可以称为局部外观设计专利申请的授权条件。但说到外观设计专利的实质性授权条件，通常指的是《专利法》第 23 条第 1 款和第 2 款所确立的相同、实质相同和不具有明显区别的对比判断标准，是局部外观设计专利保护设计创新的根本要求。

局部外观设计的实质性授权条件与整体外观设计的实质性授权条件是一脉相承的，二者的标准基本一致，但在具体判断标准上存在一些差异。比如在产品种类的判断上，整体外观设计在判断相同、实质相同时要求产品种类相同或者相近即可；而对于局部外观设计，仅考虑局部外观设计所在整体产品的用途是不够的，还需要结合要求保护的局部的用途进行综合判断，相较于整体外观设计的产品种类的判断更为复杂。

本章将对局部外观设计实质性授权条件判断中如何适用具体对比判断规则、如何准确把握相关判断标准等进行有针对性的说明。另外，《专利法》第 9 条第 1 款所确立的"禁止重复授权原则"同样适用相同、实质相同的判断标准，其与《专利法》第 23 条第 1 款的判断标准一致，二者所规制的内容有哪些异同以及如何准确适用，将在本章第二节进行详细说明。

第一节　局部外观设计对比判断中的考量因素

在局部外观设计的对比判断中，其现有设计、判断主体、产品种类以及局部外观设计的判断要素等内容，都会对最终的判断结果产生影响，下面将分别进行论述。

一、现有设计

现有设计是局部外观设计在相同、实质相同和不具有明显区别对比判断中的重要参照,《专利法》第 23 条第 1 款、第 2 款分别提到了"现有设计"和"现有设计特征",第 4 款明确了现有设计的概念。局部外观设计的现有设计、现有设计特征和现有设计状况均适用整体外观设计的判断标准,但在具体运用时又具有一定的特殊性。因此,首先需要弄清局部外观设计现有设计的时间和空间范畴、现有设计证据类型和现有设计状况,以及可以用于组合对比的现有设计特征,熟悉局部外观设计对相关标准的适配,避免陷入误区。

(一) 什么是现有设计

《专利法》第 23 条第 4 款规定:"本法所称现有设计,是指申请日以前在国内外为公众所知的设计。"该条款明确了现有设计的概念,从中可知,现有设计受公开时间、公开范围和公开方式三个要素的制约。

1. 公开时间

现有设计必须在专利申请的申请日之前公开,公开的时间不包含申请日当天。

2. 公开范围

现有设计既包括国内公开的设计,也包括国外公开的设计,涵盖了所有已知地理范畴,即没有地域限制。

3. 公开方式

公开方式的表现是为公众所知。对公众的范围通常理解为不特定的社会公众,相应地,如果仅是被特定的人群所知,则不认为是专利法意义上的公开。至于哪种情况属于为公众所知则非常多样,无法通过列举的方式一一指明。《专利审查指南 2023》第二部分第三章第 2.1.2 节中规定了现有技术的公开方式,同样适用于现有设计,包括出版物公开和使用公开,以及以其他方式为公众所知的方式,列举了口头公开、报告、讨论会发言、广播、电视、电影等能够使公众得知设计内容的方式。需要注意的是,对于外观设计来说,为公众所知通常指的是可以作用于视觉的公开,一般不包括上述列举的口头、广播等方式的公开。

实践中,现有设计通常需要相应的证据证明。常见的证据类型包括:在先公开的专利、书籍、报纸杂志、以互联网形式公开的各种电子证据、产品销售合同、销售清单、行政机关和司法机关的在先决定和判决等。近几年，随着互联网产业的发展，电子证据使用得越来越多。对电子证据的认定也在总结电子数据规律的情况下逐渐趋于标准化。2012 年，电子数据作为新的证据种类列入民事诉讼法证据范畴。2019 年，最高人民法院发布《最高人民法院关于修改〈关于民事诉讼证据的若干规定〉的决定》，对电子证据类型、证据原件的认定、真实性的判断等作了具体规定。除了中立的第三方平台提供或者确认的电子证据，还有一些电子证据随着时代的发展，其真实性和公开性在一定条件下也逐渐被行政和司法实践所确认❶。

(二) 现有设计状况

现有设计状况反映申请日前所属领域产品设计的客观情况，在判断外观设计的创新度时，用于表明申请日前所属领域产品的设计丰富度，是判断产品外观设计创新度高低的参照。在外观设计专利权评价、专利确权、专利权无效行政诉讼和专利侵权程序中均普遍适用。从《专利审查指南 2023》规定的判断主体中可以看出，一般消费者需要对本专利申请日之前相同或者相近种类产品的现有设计及其常用设计手法具有常识性的了解，隐含了在对比判断中需要考虑现有设计状况。因此，详细了解产品的现有设计状况，在判断外观设计专利是否满足实质性授权条件时至关重要。通常而言，产品上的某些设计在现有设计中越常见，这些设计在进行整体观察、综合判断时越会被认为对产品整体视觉效果的影响不大；相反，如果某些设计特征明显区别于现有设计，那么这些设计特征就属于实质性创新内容，在进行整体观察、综合判断时会作为区别于现有设计的创新点进行考虑，综合判断其对产品整体视觉效果的影响。

相对于整体外观设计，局部外观设计的现有设计状况除了要考虑局部的形状、图案、色彩，还要考虑该局部的用途和整体产品的用途，以及局部在整体中的位置和比例关系，综合判断设计特征创新程度的高低。

---

❶ 第 38378 号外观设计无效宣告审查决定："微信朋友圈发布的信息是否构成专利法意义上的公开，需要结合微信用户信息发布的具体内容、发布目的，以及是否能够被不特定社会公众获得等内容综合来看。如果从朋友圈公开的内容，并结合用户的个人信息，能够明显看出用户发布信息的目的是为了销售或者推广产品，并且具有明示或者默示希望圈内好友多多转发的意愿，符合产品销售广告或产品推广的性质特征，则可以认为该产品从发布之日起就处于非私密状态具有高度盖然性，处于社会公众能够获得的状态。相反，如果从朋友圈公开的内容看仅属于信息的圈内展示，没有公开销售的行为和意思表示，也没有明示或者默示的希望圈内好友多多转发的意愿，并且也无法查明其照片发布的初始状态是公开还是私密的情况下，则不能认为已经构成专利法意义上的公开。"

（三）现有设计特征

《专利法》第 23 条第 2 款规定了"现有设计特征的组合"，这就需要明确什么是现有设计特征。《专利审查指南 2023》第四部分第五章第 6 节对现有设计特征作出了解释，即"现有设计的部分设计要素或者其结合，如现有设计的形状、图案、色彩或者其结合，或者现有设计的某组成部分的设计，如整体外观设计产品中的零部件的设计"。

从《专利审查指南 2023》的规定看，现有设计特征主要包含两类。一类按设计要素划分，即形状、图案和色彩三要素。例如现有设计 A 公开了 C 的形状特征、现有设计 B 公开了 C 的图案特征，则 C 与 A 的形状和 B 的图案的组合得到的外观设计相比不具有明显区别。另一类是按产品的组成部分划分，例如现有设计 D 公开了一个凳子的凳面，现有设计 E 公开了另一个凳子的凳腿，本申请的凳子 F 由 D 的凳面和 E 的凳腿组成，则 F 与 D 的凳面和 E 的凳腿的组合得到的外观设计相比不具有明显区别。对于局部外观设计，其现有设计特征同样分为上述两种类型。

专利法意义上的"现有设计特征"是用于组合的设计特征，不是抽象的、虚拟化的概念，也不是现有设计上随意划分的、超出一般消费者通常理解的设计特征，而是产品中具象的、能够分离的设计特征，是具体的能够确定其范围的特征。

当前，行政和司法程序均对能够用于组合的设计特征进行了适当的限定，在组合对比方面基本达成了共识，即能够用于组合的设计特征应当是物理上或者视觉上可分离的设计特征，具有相对独立的视觉效果。随意划分的点、线、面不属于可用于组合的现有设计特征。

需要注意的是，在整体外观设计中，能够用于组合的设计特征应当是物理上或者视觉上可分离的设计特征；但是，建立局部外观设计专利制度后，产品不可分割但形成相对独立的区域并且构成相对完整的设计单元成为局部外观设计专利保护客体，所以能够用于对比的设计特征相对更为宽泛。上述原则就不能再机械地用在局部外观设计判断中。对于局部外观设计来说，现有设计中物理上或者视觉上不可分割的部分，常常也可以视为用于组合的现有设计特征。

如图 3-1-1 所示，要求保护的是保温杯上部的局部外观设计，包括保温杯的杯盖与杯体上部截至点划线处的局部设计，其中，杯盖为物理上可分割的设计特征，杯体上部并非传统意义上的物理可分割或者视觉可区分的现有设计特征，但其与杯盖一起形成相对独立的区域并且构成相对完整的设计单元，是局部外观设计专利保护客体。在此情况下，杯体上部与杯盖是物理可分的，可以将图 3-1-3 所示的现有设计 2 相应的杯体上部作为设计特征和图 3-1-2 所示的现有设计 1 的杯盖组合与本局部外观设计要求保护的部分进行对比。

但是，如果要求保护的局部不可以再进行物理或者视觉上的分割，则不能进行设计特征组合对比。还以图 3-1-1 为例，假如本局部外观设计仅要求保护保温杯的杯体上部，则不能对该局部再进一步细分并通过组合的方式进行对比。

由于局部外观设计在整体外观设计的基础上更加细分，在沿用整体外观设计现有设计特征的规则时，要避免发生超出一般消费者常规理解的随意组合的情况。

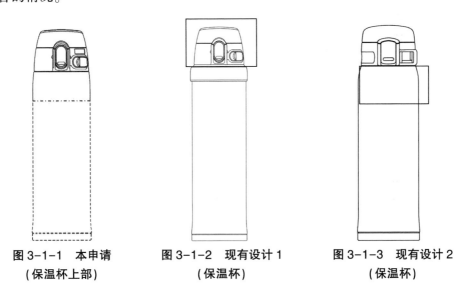

图 3-1-1　本申请　　　图 3-1-2　现有设计 1　　　图 3-1-3　现有设计 2
（保温杯上部）　　　　（保温杯）　　　　　　（保温杯）

二、判断主体

关于局部外观设计实质性授权条件的判断主体，各国的规定不尽相同。美国、日本和韩国在外观设计新颖性和创造性判断中采用了不同的判断主体，美国的新颖性判断主体为"普通观察者"，"普通观察者"对产品的种类并不关注，纯粹从外观角度来进行判断。日本和韩国新颖性判断主体为"需要者"（包括买卖者），对应于物品的买卖、流通状态的适当的使用者。三国在判断创造性时判断主体均为"本领域普通设计人员"。欧盟在判断新颖性和创造性时采用"见多识广的用户"这一相同的判断主体，但在实践中更倾向于本领域设计人员。

我国无论在判断整体外观设计还是局部外观设计的实质性授权条件时，均以"一般消费者"的角度进行判断。《专利审查指南2023》第四部分第五章第4节对"一般消费者"的知识水平和认知能力进行了限定："作为某种类外观设计产品的一般消费者应当具备下列特点：（1）对涉案专利申请日之前相同种类或者相近种类产品的外观设计及其常用设计手法具有常识性的了解。例如，对于汽车，其一般消费者应当对市场上销售的汽车以及诸如大众媒体中常见的汽车广告中所披露的信息等有所了解。常用设计手法包括设计的转用、拼合、替换等类型。（2）对外观设计产品之间在形状、图案以及色彩上的区别具有一定的分辨率，但不会注意到产品的形状、图案以及色彩的微小变化。"可以看出，一般消费者既非对所属领域产品的外观设计一无所知，也不像本领域设计人员可以敏锐捕捉到外观设计局部细节上的微小差异。与整体外观设计不同的是，在对局部外观设计进行整体观察、综合判断时，一般消费者应当着眼于要求保护的局部，而非对整体产品的所有部位等同对待，整体产品仅用于限定局部外观设计所在的产品领域以及要求保护的局部在整体中的位置和比例关系。

表面上看，采用"本领域普通设计人员"相较于"一般消费者"的判断主体更具专业性，但是《专利审查指南2023》中对"一般消费者"应当具备的特点作了具体规定，使其所具备的知识水平和认知能力进一步向本领域设计人员靠拢，加之在判断时需要考虑产品的现有设计状况，这事实上赋予"一般消费者"一定的设计水平和能力，使其对所属领域产品的外观设计有一定了解。

三、判断方式

《专利审查指南2023》对外观设计的具体对比判断方式进行了详细规定，比如对比时应当通过视觉进行直接观察，不能借助放大镜、显微镜等其他工具；外观设计单独对比、转用以及组合对比的具体方式和步骤；"整体观察、综合判断"原则的理解和运用等。

局部外观设计的具体对比判断方式除了沿袭整体外观设计的一般规则，还需要注意以下两点：

一是在确定本申请时，对于局部外观设计，应以要求保护部分的形状、图案、色彩为准，并考虑该部分在所示产品中的位置和比例关系。

二是局部外观设计在对比时仍应当采用整体观察、综合判断的方式。以一般消费者为判断主体，整体观察本申请与对比设计，确定两者的相同点和区别点，判断其对整体视觉效果的影响，综合得出结论。具体而言，对于局部外观设计，所谓整体观察是指在对比判断时，首先应着眼于要求保护的局部，将对比设计中与之对应的部分进行全面对比，在此基础上，考虑该局部在整体产品中的位置和比例关系是否相同或者在常规变化范围内，最终综合得出结论。因此，对于局部外观设计，整体观察并非只观察要求保护的局部，也不是要将局部所在的整体的设计也纳入对比的范畴，整体中不要求保护的部分的具体设计在对比判断时不予考虑，但局部在整体中的位置和比例关系也是局部设计创新的一部分，在对比时是需要考虑的。这也是局部外观设计在"整体观察、综合判断"时与整体外观设计的不同之处。

在适用《专利法》第 23 条第 1 款和第 2 款时，整体外观设计的对比着眼于产品整体，而局部外观设计的对比着眼于对应的局部。因此，如果本申请要求保护的是局部外观设计，而对比设计也是局部外观设计专利时，无论对比设计中与之对应的局部属于要求保护的部分还是不要求保护的部分，只要其公开充分，均能用于对比。如图 3-1-4 至图 3-1-7 所示，本申请要求保护的是汽车尾部的局部外观设计，对比设计 1 至对比设计 3 要求保护的部位与本申请均不同，但其视图只要包含了汽车尾部，并且能够清楚地显示汽车尾部的设计，则均可以作为对比设计与本申请进行对比。

图 3-1-4　本申请（汽车尾部）（彩图）

图 3-1-5　对比设计 1（汽车后部）（彩图）

图 3-1-6　对比设计 2（汽车头部）（彩图）

图 3-1-7　对比设计 3（汽车整体）（彩图）

第三章　局部外观设计专利实质性授权条件

局部设计

四、局部外观设计的产品种类

外观设计的产品种类是由产品用途决定的，对于确定外观设计专利的保护范围具有重要意义。由于局部外观设计的创新在于要求保护的局部，但又依托整体产品，其种类判断既要着眼于要求保护的局部的用途，又要考虑其整体产品的用途。因此，局部外观设计产品种类的判断标准较之整体外观设计更为复杂。

在对局部外观设计进行种类判断时，应从一般消费者的角度出发，根据要求保护的局部的具体属性进行综合考虑。有的局部与产品整体关系紧密、不可分割；有的局部较为独立，与整体产品关系不紧密，比如通用零部件与整体产品的关系就不紧密，其能够辐射的整体产品种类范围较广。对于这两类局部，整体产品的用途和局部的用途在综合判断中所发挥的作用是不同的。

（一）局部和整体关系紧密、不可分割

如果局部和整体关系紧密、不可分割，整体产品用途直接决定局部外观设计的产品种类是否相同或者相近。例如手机的四角，其与手机整体关系紧密、不可分割，该局部所在的整体手机的种类即为该局部外观设计的产品种类。

（二）要求保护的局部相对独立

如果要求保护的局部在整体产品中相对独立，比如一些通用零部件，需结合整体产品的用途和要求保护的局部的用途进行综合判断：

①当整体产品的用途和要求保护的局部的用途均相同或者相近时，通常可以认定局部外观设计的产品种类相同或者相近。

②当要求保护的局部的用途不同也不相近时，即便整体产品的用途相同或相近，二者也不属于相同或者相近种类。

③当要求保护的局部的用途相同或者相近，整体产品的用途不相同也不相近时，如果二者很容易产生使用联想或者易于思及，可以判定要求保护的局部外观设计的产品种类相近。反之，则不能认定局部外观设计的产品种类相近。

如图 3-1-8 和图 3-1-9 所示，本申请要求保护的是微波炉把手的局部外观设计，对比设计是带有相同把手的冰箱，微波炉的把手与冰箱的把手用

途相同，虽然其所在的整体产品的用途不相同也不相近，但微波炉与冰箱均为厨房用电器，在使用时通常位于同一场所且使用时也容易关联，所以微波炉与冰箱属于容易产生"使用联想"的产品。即便从把手设计的角度看，将相同或者相似的把手用于不同的家用电器，对于一般消费者而言也是非常容易想到的。因此，虽然微波炉和冰箱的用途不相同也不相近，仍可以判定要求保护的把手外观设计的产品种类相近。

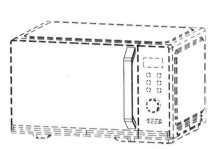

图 3-1-8　本申请（微波炉把手）

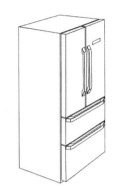

图 3-1-9　对比设计（冰箱）

另外，当本申请是局部外观设计，对比设计是与要求保护的局部相对应的零部件整体外观设计时，应当考虑本申请要求保护的局部的用途与零部件的用途是否相同或者相近，以及局部所在的整体产品的用途与零部件所适用的上位产品的用途是否相同或者相近。如图 3-1-10 和图 3-1-11 所示，本申请要求保护的是微波炉把手的局部外观设计，对比设计是烤箱把手的整体零部件，二者把手部分的用途相同，本申请的整体产品是微波炉，对比设计中的把手用于烤箱，微波炉和烤箱的用途相近。因此，可以判定要求保护的微波炉把手外观设计的产品种类与对比设计的相近。

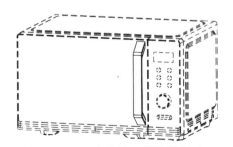

图 3-1-10　本申请（微波炉把手）

图 3-1-11　对比设计（烤箱把手）

第二节 局部外观设计相同、实质相同的判断

《专利法》第 23 条第 1 款规定："授予专利权的外观设计，应当不属于现有设计；也没有任何单位或者个人就同样的外观设计在申请日以前向国务院专利行政部门提出过申请，并记载在申请日以后公告的专利文件中。"

这一条款包含以下两个要求：

一是应当不属于现有设计，指的是在现有设计中，既没有与本申请相同的外观设计，也没有与本申请实质相同的外观设计。判断是否属于现有设计的对比设计来源范畴较为广泛，在先公开的专利文件只是其中之一。

二是不存在"抵触申请"，即没有任何单位或者个人就同样的外观设计在申请日以前向国务院专利行政部门提出过申请，并记载在申请日以后公告的专利文件中。抵触申请仅指在先申请、在后公开的外观设计专利，能够构成本申请的抵触申请的专利仅限于外观设计专利，并未扩大到发明和实用新型专利。也就是说，即使发明或者实用新型专利的附图与本申请相同或者实质相同，也不能作为本申请的抵触申请。《专利法》第 23 条第 1 款中所述"同样的外观设计"是指外观设计相同或者实质相同。

第四次《专利法》修改并未涉及第 23 条第 1 款的具体内容，上述两个要求同样适用局部外观设计，《专利审查指南 2023》中还增加了一种局部外观设计实质相同的情形，涉及局部外观设计在产品整体中的位置和/或比例关系。因此，在局部外观设计的对比判断中，通常需要考虑三个方面：其一是局部外观设计的产品种类；其二是局部外观设计申请要求保护的设计要素；其三是局部外观设计在产品整体中的位置和/或比例关系，三者缺一不可。其中局部外观设计的产品种类以及局部外观设计专利申请要求保护的部分在产品整体中的位置和/或比例关系的判断，是局部外观设计有别于整体外观设计之处。而局部外观设计专利申请要求保护的设计要素（形状、图案、色彩）的判断则沿用整体外观设计的判断标准。

一、局部外观设计相同

根据《专利审查指南 2023》第四部分第五章第 5.1.1 节的规定，外观设计相同指的是授予专利权的外观设计与对比设计是相同种类产品的外观设

计，并且授予专利权的外观设计的全部设计要素和对比设计的相应设计要素相同。其中外观设计要素是指形状、图案以及色彩。

在产品整体外观设计对比时，采用"整体观察、综合判断"的原则，具体指的是将产品整体与对比设计进行比较判断，而不从外观设计的部分或者局部出发得出判断结论。对于局部外观设计，依然遵循这一基本的判断原则，将产品要求保护的局部外观设计与对比设计的相应部分进行比对，从其要求保护的局部外观设计的全部内容出发得出判断结论，其不要求保护的"其他的部分"不作为比较对象。

在局部外观设计相同的判断上，除了要满足该局部外观设计与对比设计的相应设计要素相同的条件外，还要进一步考虑局部外观设计所特有的情形。

首先，该局部外观设计所在部位的用途以及承载该局部外观设计的整体产品的用途均应相同。一方面，该规定延续了在对比判断中对于产品种类应当相同的限定；另一方面，考虑到局部外观设计是针对产品特定的局部作出的创新，将其保护限定在适当的范围内，既保护了创新，又不至于使其保护范围过大，以平衡专利权人利益和公众利益。

其次，该局部外观设计在产品整体中的位置和比例应当相同。产品局部的设计内容不仅包括其自身的形状、图案和色彩要素的设计，还包括该局部在整体中的位置和比例关系的设计，这是与产品整体外观设计的不同之处。因此，只有这些都相同，才符合局部外观设计相同的判断标准。

总而言之，局部外观设计与对比设计相比属于相同的外观设计需要同时满足下述三个条件：

（1）局部外观设计的产品种类相同。

（2）要求保护的局部与对比设计对应部分的设计要素相同。

（3）要求保护的局部在产品整体中的位置和比例关系与对比设计相应部分在其产品整体中的位置和比例关系相同。

其中，对于要求保护的局部与对比设计对应部分设计要素相同的对比判断标准，参照《专利审查指南2023》第四部分第五章第5.1.1节的规定，即本申请的全部外观设计要素与对比设计的相应设计要素相同。如果本申请与对比设计仅属于常用材料的替换，或者仅存在产品功能、内部结构、技术性能或者尺寸的不同，而未导致产品外观设计的变化，二者仍属于相同的外观设计。

如图3-2-1和图3-2-2所示，本申请要求保护的是球袋拉链的局部外观设计，对比设计显示的也是球袋拉链的局部外观设计，二者对比如下：

（1）种类判断：本申请要求保护的是球袋拉链部分，与对比设计相应的拉链的用途相同，拉链所在整体产品均为球袋，其整体产品的用途也相同，因此可以判定本申请与对比设计的局部外观设计的产品种类相同。

（2）设计要素判断：本申请要求保护的是属于单纯形状的局部外观设计，将二者的拉链部分相比，形状相同。

（3）位置和/或比例关系判断：拉链所在的球袋整体均为圆球形，且拉链部分均位于产品中部，在产品整体中的位置和比例关系均相同。

综上分析，二者的产品种类相同、设计要素相同、位置和比例关系相同，因此二者属于相同的外观设计。

图 3-2-1　本申请（球袋拉链）　　　　图 3-2-2　对比设计（球袋拉链）

二、局部外观设计实质相同

产品要求保护的局部外观设计与对比设计相比属于实质相同的外观设计需要满足如下条件：

（1）局部外观设计的产品种类相同或者相近。

（2）要求保护的局部与对比设计对应部分的设计要素相同或实质相同。

（3）要求保护的局部在产品整体中的位置和/或比例关系与对比设计相应部分在其产品整体中的位置和/或比例关系相同或者在常规变化范围内。

由于局部外观设计判断相对于整体外观设计更为复杂，属于实质相同的情形也较整体外观设计更多样，除上述三项条件均相同才属于相同的情形外，其他情形均属于实质相同的情形。

在实践中，通常按照产品种类、设计要素及位置和/或比例关系顺序进行判断。

实质相同的情形在《专利审查指南 2023》第四部分第五章第 5.1.2 节有明确规定，即一般消费者经过对本申请与对比设计的整体观察可以看出，二者的区别仅限于下列情形，则认为本申请与对比设计实质相同：

（1）其区别在于施以一般注意力不易察觉到的局部的细微差异，例如，百叶窗的外观设计仅有具体叶片数不同；（2）其区别在于使用时不容易看到或者看不到的部位，但有证据表明在不容易看到部位的特定设计对于一般消费者能够产生引人瞩目的视觉效果的情况除外；（3）其区别在于将某一设计要素整体置换为该类产品的惯常设计的相应设计要素，例如，将带有图案和色彩的饼干桶的形状由正方体置换为长方体；（4）其区别在于将对比设计作为设计单元按照该种类产品的常规排列方式作重复排列或者将其排列的数量作增减变化，例如，将影院座椅成排重复排列或者将其成排座椅的数量作增减；（5）其区别在于互为镜像对称；（6）其区别在于局部外观设计要求保护部分在产品整体中的位置和/或比例关系的常规变化。另外，单一色彩的外观设计仅作色彩改变，两者仍属于实质相同的外观设计。

以下举例说明局部外观设计实质相同的情形。

【案例1】本申请要求保护的是饭勺手柄的局部外观设计（如图3-2-3所示），对比设计显示了饭叉手柄（如图3-2-4所示），二者对比如下：

（1）种类判断：二者手柄部分的用途相同，区别点在于手柄所在整体产品的用途不相同，但饭勺和饭叉均为用餐器具，二者用途相近，因此可以判定本申请与对比设计的产品种类相近。

（2）设计要素判断：本申请属于单纯形状的局部外观设计，将二者手柄部分相比，形状相同。

（3）位置和比例关系判断：二者手柄部分均位于产品一侧，但由于饭勺和饭叉整体产品形状不同，导致手柄占整体的比例略有区别，但这种区别属于常规变化，可以认定二者在产品整体中的位置和比例关系在常规变化范围内。

综上分析，二者产品种类相近，设计要素相同，局部在产品整体中的位置和比例关系在常规变化范围内，因此二者属于实质相同的外观设计。

图3-2-3 本申请（饭勺手柄）　　　　图3-2-4 对比设计（饭叉手柄）

【案例2】本申请要求保护的是汽车前格栅的局部外观设计（如图3-2-5所示），对比设计也显示了汽车前格栅（如图3-2-6所示），二者对比如下：

（1）种类判断：本申请要求保护的是汽车前格栅部分，与对比设计相应的汽车前格栅的用途相同，而前格栅所在整体产品都是汽车，用途也相同，因此，可以判定本申请与对比设计的产品种类相同。

（2）设计要素判断：本申请属于单纯形状的局部外观设计，将二者前格栅部分相比，整体形状基本相同，区别点仅在于前格栅上部中间孔的有无，对一般消费者而言，该区别点极为细微，属于施以一般注意力不易察觉到的局部细微差异。

（3）位置和比例关系判断：二者汽车前格栅均位于汽车前脸正中位置，占整体比例也基本相同，因此可以认定二者在产品整体中的位置和比例关系在常规变化范围内。

综上分析，二者的产品种类相同，设计要素仅存在施以一般注意力不易察觉到的局部细微差异，局部在产品整体中的位置和比例关系在常规变化范围内，因此二者属于实质相同的外观设计。

图 3-2-5　本申请（汽车前格栅）　　　图 3-2-6　对比设计（汽车前格栅）

　　　　　　（彩图）　　　　　　　　　　　　　　（彩图）

【案例 3】本申请要求保护的设计是化妆品瓶瓶体的局部外观设计（如图 3-2-7 所示），对比设计也显示了化妆品瓶瓶体（如图 3-2-8 所示），二者对比如下：

（1）种类判断：本申请要求保护的是瓶体部分，与对比设计相应部分的用途相同，瓶体所在整体产品都是化妆品瓶，用途也相同，因此可以判定本申请与对比设计的产品种类相同。

（2）设计要素判断：本申请属于单纯形状的局部外观设计，将二者瓶体部分相比，形状基本相同，区别点仅在于仰视图所示瓶体底部表面结构线略有不同，该区别点位于使用时不容易看到的部位，且未产生引人瞩目的视觉效果。

（3）位置和比例关系判断：二者瓶体均位于化妆品瓶下部，占瓶子整体比例也相同，因此，可以认定二者在产品整体中的位置和比例关系相同。

综上分析，二者产品种类相同，设计要素的区别点位于使用时不容易看到的部位，且未产生引人瞩目的视觉效果，局部在产品整体中的位置和比例关系相同，因此二者属于实质相同的外观设计。

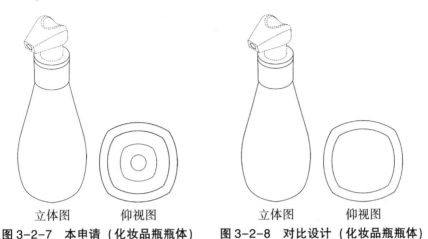

立体图　　　仰视图　　　　　立体图　　　仰视图

图 3-2-7　本申请（化妆品瓶瓶体）　　图 3-2-8　对比设计（化妆品瓶瓶体）

【案例 4】本申请要求保护的是圆凳的凳面的局部外观设计（如图 3-2-9 所示），对比设计显示了方凳的凳面（如图 3-2-10 所示），二者对比如下：

（1）种类判断：本申请要求保护的是凳面部分，与对比设计相应部分的用途相同，凳面所在整体产品都是凳子，用途也相同，因此可以判定本申请与对比设计的产品种类相同。

（2）设计要素判断：本申请属于单纯形状的局部外观设计，将二者凳面部分相比，整体形状不同，分别为表面布满圆孔的圆柱形和八棱柱形，该区别点属于将凳面整体形状由八棱柱形置换为圆柱形，圆柱形凳面是该类产品的惯常形状设计。

（3）位置和比例关系判断：二者凳面均位于凳子上部，占整体比例也基本相同，因此可以认定二者在产品整体中的位置和比例关系在常规变化范围内。

综上分析，二者产品种类相同，设计要素的区别点属于将凳面的八棱柱形整体置换为惯常的圆柱形，局部在产品整体中的位置和比例关系在常规变化范围内，因此二者属于实质相同的外观设计。

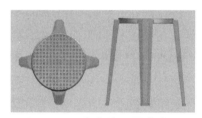

图 3-2-9　本申请（圆凳凳面）　　　　图 3-2-10　对比设计（方凳凳面）
　　　　　（彩图）　　　　　　　　　　　　　　（彩图）

【案例 5】本申请要求保护的是沙发垫的局部外观设计（如图 3-2-11 所示），对比设计也显示了沙发垫（如图 3-2-12 所示），二者对比如下：

（1）种类判断：本申请要求保护的是沙发垫部分，与对比设计相应部分用途相同，所在整体产品的用途也相同，因此可以判定本申请与对比设计的产品种类相同。

（2）设计要素判断：本申请属于单纯形状的局部外观设计，将二者沙发垫部分相比，区别点在于要求保护的沙发垫是将对比设计的沙发垫作为一个设计单元按常规排列方式由单沙发垫增加为双沙发垫。

（3）位置和比例关系判断：二者沙发垫均位于沙发中间，占整体的大小比例虽然不同，但也在常规范围内，因此可以认定二者在产品整体中的位置和比例关系在常规变化范围内。

综上分析，二者产品种类相同，设计要素的区别点仅在于将对比设计作为设计单元按照该种类产品的常规排列方式将其排列的数量作增减变化，局部在产品整体中的位置和比例关系在常规变化范围内，因此二者属于实质相同的外观设计。

图 3-2-11　本申请（沙发垫）　　　　图 3-2-12　对比设计（沙发垫）
　　　　　（彩图）　　　　　　　　　　　　　　（彩图）

【**案例** 6】本申请要求保护的是数码相机镜头的局部外观设计（如图 3-2-13 所示），对比设计也显示了数码相机镜头（如图 3-2-14 所示），二者对比如下：

（1）种类判断：本申请要求保护的是数码相机镜头部分，与对比设计相应部分的用途相同，所在整体产品的用途也相同，因此可以判定本申请与对比设计的产品种类相同。

（2）设计要素判断：本申请属于单纯形状的局部外观设计，将二者镜头部分相比，区别点在于将镜头部位镜像对称。

（3）位置和比例关系判断：二者镜头均位于数码相机正面右侧，占整体比例也相同，因此可以认定二者在产品整体中的位置和比例关系相同。

综上分析，二者产品种类相同，设计要素的区别点仅在于镜头部分互为镜像对称，局部在产品整体中的位置和比例关系相同，因此二者属于实质相同的外观设计。

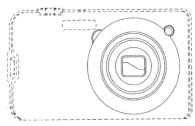 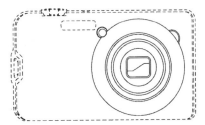

图 3-2-13　本申请（数码相机镜头）　　图 3-2-14　对比设计（数码相机镜头）

【**案例** 7】本申请要求保护的是数码相机镜头的局部外观设计（如图 3-2-15 所示），对比设计也显示了数码相机镜头（如图 3-2-16 所示），二者对比如下：

（1）种类判断：本申请要求保护的是数码相机镜头部分，与对比设计相应部分的用途相同，所在整体产品的用途也相同，因此可以判定本申请与对比设计的产品种类相同。

（2）设计要素判断：本申请属于单纯形状的局部外观设计，将二者镜头部分相比，形状相同。

（3）位置和比例关系判断：二者的区别点在于镜头部分在产品整体中位置和比例的变化，要求保护的数码相机镜头位于整体右上角，占比较小，对比设计中镜头位于整体中部，占比较大，二者在产品整体中的位置和比例关系虽然有区别，但将镜头设置在中部或者右上角及其大小比例的变化均属于常规变化，因此可以认定二者在产品整体中的位置和比例关系在常规变化范围内。

综上分析，二者产品种类相同，设计要素相同，区别点仅在于局部在产品整体中的位置和比例关系不同，但该变化属于常规变化，因此二者属于实质相同的外观设计。

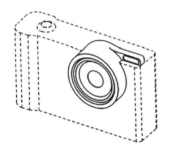

图 3-2-15　本申请（数码相机镜头）　图 3-2-16　对比设计（数码相机镜头）

【案例 8】本申请要求保护的是手机充电座电槽的局部外观设计（如图 3-2-17 所示），对比设计也显示了手机充电座电槽（如图 3-2-18 所示），二者对比如下：

（1）种类判断：本申请要求保护的是手机充电座电槽部分，与对比设计相应部分的用途相同，所在整体产品的用途也相同，因此可以判定本申请与对比设计的产品种类相同。

（2）设计要素判断：本申请属于单纯形状的局部外观设计，将二者电槽部分相比，形状特征基本相同。

（3）位置和比例关系判断：二者的区别点在于电槽部分在产品整体中位置和比例的变化，要求保护的手机充电座电槽位于前侧略靠左，占比略小，对比设计中的手机充电座电槽布满整个前侧，占比较大，二者在产品整体中的位置和比例关系虽然有区别，但这种变化在常规范围内，因此可以认定二者在产品整体中的位置和比例关系在常规变化范围内。

综上分析，二者产品种类相同，设计要素基本相同，区别点仅在于局部在产品整体中的位置和比例关系不同，但该变化属于常规变化，因此二者属于实质相同的外观设计。

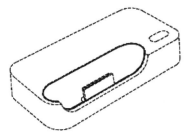 

图 3-2-17　本申请（手机充电座电槽）　图 3-2-18　对比设计（手机充电座电槽）

【案例 9】本申请要求保护的是球袋拉链的局部外观设计（如图 3-2-19 所示），对比设计也显示了球袋拉链（如图 3-2-20 所示），二者对比如下：

（1）种类判断：本申请要求保护的是球袋拉链部分，与对比设计相应部分的用途相同，所在整体产品的用途也相同，因此可以判定本申请与对比设计的产品种类相同。

（2）设计要素判断：本申请属于单纯形状的局部外观设计，将二者拉链部分相比，形状相同。

（3）位置和比例关系判断：二者拉链部分均位于产品整体中部，区别点在于拉链部分占整体比例的不同，本申请的球袋拉链所在整体产品为圆球形，对比设计中的球袋拉链所在整体产品为橄榄形，导致局部在整体中的比例关系有所不同，但这种区别属于常规变化，因此可以认定二者在产品整体中的位置和比例关系在常规变化范围内。

综上分析，二者产品种类相同，设计要素相同，区别点仅在于局部在产品整体中的位置和比例关系不同，但该变化属于常规变化，因此二者属于实质相同的外观设计。

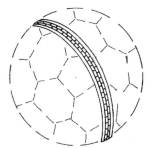 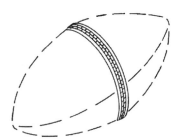

图 3-2-19　本申请（球袋拉链）　　图 3-2-20　对比设计（球袋拉链）

【**案例 10**】 本申请要求保护的是咖啡壶握手部的局部外观设计（如图 3-2-21 所示），对比设计显示了咖啡壶（如图 3-2-22 所示），二者对比如下：

（1）种类判断：本申请要求保护的是握手部分，与对比设计相应部分的用途相同，所在整体产品的用途也相同，因此可以判定本申请与对比设计的产品种类相同。

（2）设计要素判断：本申请请求保护的外观设计包含色彩，属于形状和色彩相结合的局部外观设计，将二者握手部分相比，形状特征相同，区别点在于本申请的咖啡壶握手部的色彩要素与对比设计表面色彩要素不同，该区别点属于单一色彩的改变。

（3）位置和比例关系判断：二者握手部分均位于咖啡壶中上部，占整体比例也相同，因此可以认定二者在产品整体中的位置和比例关系相同。

综上分析，二者产品种类相同，设计要素的区别点在于单一色彩的外观设计仅作色彩改变，局部在产品整体中的位置和比例关系相同，因此二者属于实质相同的外观设计。

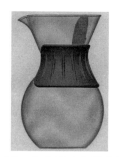

图 3-2-21　本申请（咖啡壶握手部）
（彩图）

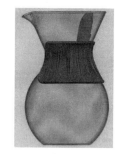

图 3-2-22　对比设计（咖啡壶）
（彩图）

三、关于《专利法》第 9 条第 1 款的适用

《专利法》第 9 条第 1 款规定："同样的发明创造只能授予一项专利权。"该条款确立了禁止重复授权原则，其中同样的发明创造对于外观设计而言是指同样的外观设计。根据《专利审查指南 2023》第四部分第五章第 5节的规定，同样的外观设计是指外观设计相同或者实质相同，具体判断标准与《专利法》第 23 条第 1 款的判断标准一致。但二者的立法宗旨以及具体适用情形并不相同。

《专利法》第 9 条第 1 款是从专利权保护范围的角度着眼，涉及的对比设计是专利申请或者已授权的专利，比较的是两者"保护范围"是否达到了相同或者实质相同的程度，所以比较的是各自要求保护的内容；而《专利法》第 23 条第 1 款是从公开的角度着眼，涉及的对比设计是现有设计或者抵触申请，判断对比设计是不是与本申请相同或实质相同的外观设计。如果本申请与对比设计是同样的外观设计，在进行对比判断时，对于与对比设计申请日相同的申请，适用《专利法》第 9 条第 1 款；对比设计公开在先或者构成本申请的抵触申请时，应适用《专利法》第 23 条第 1 款。

该规定不但适用整体外观设计，同样适用局部外观设计。本申请要求保护的是局部外观设计，对比设计要求保护的可能是产品整体外观设计，也可能是局部外观设计，如果是局部外观设计，要求保护的局部可能与本申请中要求保护的局部完全对应，也有可能包含本申请要求保护的局部，还有可能其不要求保护的部分对应于本申请局部外观设计要求保护的局部。无论何种情况，在适用《专利法》第 23 条第 1 款时，只选取与本申请局部外观设计要求保护的局部相对应的内容进行对比即可；在适用《专利法》第 9 条第 1 款时，则要选取二者各自要求保护的内容进行对比。

以下结合两个案例进行具体分析。

【案例 11】本申请要求保护的为汽车头部的局部外观设计（如图 3-2-23 所示），对比设计是汽车整体外观设计（如图 3-2-24 所示）。

如果本申请和对比设计是同一日提出专利申请，应从二者主张的保护范围的角度判断是否属于同样的外观设计。将本申请要求保护的汽车头部的局部外观设计与对比设计的汽车整体进行对比：

（1）种类判断：本申请要求保护的汽车车头部分与对比设计相应部分的用途相同，本申请和对比设计的整体产品均为汽车，用途相同，因此二者产品种类相同。

（2）设计要素判断：本申请汽车车头与对比设计汽车整车相比，二者差异明显。

（3）位置和比例关系判断：本申请汽车车头位于汽车前部，对比设计为汽车整车，二者在产品整体中的位置和比例关系明显不同。

因此二者不属于同样的外观设计，不违反《专利法》第 9 条第 1 款规定的禁止重复授权原则。

如果本申请的申请日晚于对比设计的申请日，则应当从设计公开的角度判断本申请是否属于现有设计以及是否存在抵触申请。此时，只需要看申请日在先的对比设计是否公开了与本申请同样的车头即可，汽车的其他部分不进行设计要素的对比判断。因此，将本申请与对比设计对应的车头部分对比：

（1）种类判断：本申请要求保护的汽车车头部分与对比设计相应车头部分的用途相同，本申请整体产品和对比设计整体均为汽车，用途相同，因此二者产品种类相同。

（2）设计要素判断：本申请汽车车头与对比设计中对应的车头部分相比，二者设计要素相同。

（3）位置和比例关系判断：本申请汽车车头与对比设计汽车车头均位于汽车前部，二者在产品整体中的位置和比例关系相同。

因此，二者属于相同的外观设计，本申请不符合《专利法》第 23 条第 1 款的规定，不能授予专利权。

图 3-2-23　本申请（汽车头部）　　　图 3-2-24　对比设计（汽车）
（彩图）　　　　　　　　　　　　（彩图）

【案例 12】本申请要求保护的是汽车中后部的局部外观设计（如图 3-2-25 所示），对比设计要求保护的是汽车车尾的局部外观设计（如图 3-2-26 所示），本申请要求保护的局部包含在对比设计要求保护的局部内。

如果对比设计与本申请是同一日提出专利申请，应从二者主张的保护范围的角度判断是否属于同样的外观设计。将本申请的汽车中后部与对比设计的车尾进行对比：

（1）种类判断：本申请的汽车中后部与对比设计相应部分的用途相同，本申请整体产品和对比设计整体均为汽车，用途相同，因此二者产品种类相同。

（2）设计要素判断：本申请汽车中后部与对比设计汽车车尾相比，二者差异明显。

（3）位置和比例关系判断：本申请汽车中后部位于汽车后半部，对比设计汽车车尾位于汽车后部，二者在产品整体中的位置和比例关系明显不同。因此二者不属于同样的外观设计。

如果本申请的申请日晚于对比设计的申请日，则应当从设计公开的角度判断本申请是否属于现有设计以及是否存在抵触申请。此时，只需要看申请日前对比设计是否公开了与本申请同样的汽车中后部即可，汽车的其他部分不进行设计要素的对比判断。因此，将本申请与对比设计对应的汽车中后部相比：

（1）种类判断：本申请的汽车中后部与对比设计相应中后部的用途相同，本申请整体产品和对比设计整体均为汽车，用途相同，因此二者产品种类相同。

（2）设计要素判断：本申请汽车中后部与对比设计汽车对应的中后部相比，二者设计要素相同。

（3）位置和比例关系判断：本申请汽车中后部与对比设计对应的汽车中部及尾部均位于汽车后半部，二者在产品整体中的位置和比例关系相同。

因此，二者属于相同的外观设计，本申请不符合《专利法》第 23 条第 1 款的规定，不能授予专利权。

图 3-2-25　本申请（汽车中后部）
（彩图）

图 3-2-26　对比设计（汽车尾部）
（彩图）

可以看出，对于局部外观设计，如果一个产品包含多个创新的局部，可以在同一申请日分别对各个局部单独提交局部外观设计专利申请，同时也可以对产品整体提交整体外观设计专利申请，由于要求保护的内容不同，对各个局部和整体的外观设计分别提出专利申请，则能够全方位地保护产品的创新。但如果申请日有先后，则要求在后申请的局部外观设计不能在现有设计或者在先申请、在后公告的抵触申请中公开。假设申请人设计了一款产品，其可以在同日提交整体外观设计专利申请 A 和局部外观设计专利申请 B。但如果先提交了整体外观设计专利申请 A，在该申请日后提交局部外观设计专利申请 B，则可能因 A 中显示了 B 的设计而使 B 不能获得专利权。因此，无论在先申请是整体外观设计还是局部外观设计，只要在后申请要求保护的局部在之前申请的视图中已经显示，并且其局部的位置和比例关系也相同或者在常规变化范围内，那么就构成抵触申请，则在后申请均不能授予专利权。

第三节　局部外观设计明显区别的判断

《专利法》第 23 条第 2 款规定："授予专利权的外观设计与现有设计或者现有设计特征的组合相比，应当具有明显区别。"对于局部外观设计，应当理解为授予专利权的局部外观设计与现有设计或者现有设计特征的组合相比，应当具有明显区别。《最高人民法院关于审理专利授权确权行政案件适用法律若干问题的规定（一）》第 17 条规定：外观设计与相同或者相近种类产品的一项现有设计相比，二者的区别对整体视觉效果不具有显著影响的，人民法院应当认定其不具有《专利法》第 23 条第 2 款规定的"明显区别"。可见，是否具有明显区别的判断主要看区别点对整体视觉效果的影响是否显著，这也是世界主要国家的普遍做法。实践中，是否具有明显区别的判断需要考虑现有设计状况、产品的惯常设计、功能性特征、技术水平和法律限制等影响设计自由度的因素。如果一般消费者经过对局部外观设计与现有设计的整体观察可以看出，二者的区别对于产品局部外观设计的整体视觉效果不具有显著影响，则外观设计与现有设计相比不具有明显区别。

在具体判断时，可以将本申请与一项现有设计单独对比，也可以将本申请与两项以上现有设计或者现有设计特征组合进行对比。参照《专利审查指南 2023》第四部分第五章第 6 节的规定，本申请与现有设计或者现有设计特征的组合相比不具有明显区别包括如下三种情形：

（1）本申请与相同或者相近种类产品现有设计相比不具有明显区别；

（2）本申请是由现有设计转用得到的，二者的设计特征相同或者仅有细微差别，且该具体的转用手法在相同或者相近种类产品的现有设计中存在启示；

（3）本申请是由现有设计或者现有设计特征组合得到的，所述现有设计与本申请的相应设计部分相同或者仅有细微差别，且该具体的组合手法在相同或者相近种类产品的现有设计中存在启示。

应当注意的是，上述转用和组合产生独特视觉效果的除外。

一、与相同或者相近种类产品现有设计相比

局部外观设计与对比设计不具有明显区别，需要同时满足如下条件：

（1）局部外观设计的产品种类相同或者相近；

（2）要求保护的局部与对比设计相应部分相比不具有明显区别；

（3）要求保护的局部在产品整体中的位置和/或比例关系与对比设计相应部分在其产品整体中的位置和/或比例关系相同或者在常规变化范围内。

当局部外观设计的产品种类与对比设计不相同也不相近，并且不存在转用的启示；或者当要求保护的局部在产品整体中的位置和/或比例关系与对比设计相应部分在产品整体中的位置和/或比例关系不同，也不在常规变化范围内，并且不存在设计上的启示时，则无论要求保护的局部外观设计与对比设计相应部分对比结果如何，一般均认为二者具有明显区别。

以下举例说明局部外观设计与对比设计相比不具有明显区别的情形。

【案例13】本申请要求保护的是微波炉把手局部外观设计（如图3-3-1所示），对比设计显示了带有把手的冰箱的外观设计（如图3-3-2所示），二者对比如下：

（1）种类判断：首先判断用于对比的局部的用途是否相同或者相近，二者把手部分均用于开关门，其用途相同；再判断整体产品的用途是否相同或者相近，二者把手部分分别用于微波炉和冰箱，整体产品的用途不相同也不相近。但对一般消费者来说，微波炉与冰箱均为厨房用电器，使用时容易产生联想。因此，即使二者整体产品的用途不相同也不相近，仍可以判定本申请和对比设计的产品种类相近，可对其把手的外观设计进行具体对比判断。

（2）设计要素判断：将本申请的把手部分与对比设计的把手部分相比，二者的整体形状均为两头向内倾斜的拱形，主要区别点在于把手上下两头弯折部位的粗细程度以及把手正面上下弯折部位弧度的不同。在二者整体形状基本相同的情况下，上述区别点属于局部细微变化，未对整体视觉效果产生显著影响。

（3）位置和比例关系判断：本申请的把手位于微波炉门右侧，属于本领域把手设计的常见位置，对比设计是冰箱的对开门设计，其左侧开门把手位于整体中上部，二者在整体产品中的位置和比例虽因整体产品不同而有差别，但这种差别均在该类产品的常规变化范围内，因此可以认定二者位置和

比例关系的变化属于常规变化，未对整体视觉效果产生显著影响。

综上分析，将微波炉把手和冰箱把手相比，二者要求保护的局部外观设计的产品种类相近，设计要素虽有不同，但未对整体视觉效果产生显著影响，位置和比例关系的变化也在常规变化范围内，因此二者不具有明显区别。

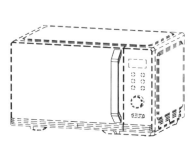

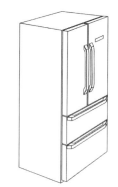

图 3-3-1　本申请（微波炉把手）　　　图 3-3-2　对比设计（冰箱）

【案例 14】本申请要求保护的是微波炉把手的局部外观设计（如图 3-3-3 所示），对比设计显示了烤箱把手的零部件整体的外观设计（如图 3-3-4 所示），对比如下：

（1）种类判断：二者的把手均用于开关门，因此局部的用途相同；本申请要求保护的把手用于微波炉，对比设计的把手用于烤箱，整体产品的用途均为加热食品，用途相近。因此，可以判定要求保护的局部外观设计的产品种类相近。

（2）设计要素判断：将本申请要求保护的把手部分与对比设计相比，二者整体形状均为两头向内倾斜的拱形，主要区别点在于把手上下两头弯折部位的粗细程度以及把手正面上下弯折部位弧度的不同，在二者整体形状基本相同的情况下，上述区别点属于局部细微变化，未对整体视觉效果产生显著影响。

（3）位置和比例关系判断：本申请要求保护的微波炉把手显示了其在整体中的位置和比例关系，对比设计显示的是把手的整体外观设计，未显示其在整体中的位置和比例关系，但由于本申请中的把手位于微波炉门右侧，属于本领域把手设计的常见位置，应当认为其在产品整体中的位置和比例关系在常规变化范围内。因此，可以认定要求保护的局部在整体产品中位置和比例关系的变化属于常规变化，未对整体视觉效果产生显著影响。

综上分析，将本申请要求保护的微波炉把手部分与对比设计相比，二者要求保护的局部外观设计的产品种类相同，设计要素虽有不同，但未对整体视觉效果产生显著影响，位置和比例关系的变化也在常规变化范围内，因此二者不具有明显区别。

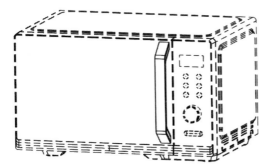

图 3-3-3　本申请（微波炉把手）　　　图 3-3-4　对比设计（烤箱把手）

【案例 15】本申请要求保护的是视频对话机右侧面板中由按钮和发音孔所组成的局部外观设计（如图 3-3-5 所示），对比设计也显示了视频对话机右侧面板中由按钮和发音孔所组成的局部外观设计（如图 3-3-6 所示），二者对比如下：

（1）种类判断：首先判断用于对比的局部的用途是否相同或者相近，本申请要求保护的按钮和发音孔与对比设计相应部分的按钮和发音孔均用于控制操作视频对话机和外放声音，局部的用途相同；再判断整体产品的用途是否相同或者相近，二者要求保护的局部均用于视频对话机，即局部所在的整体产品的用途也相同。因此，可以判定要求保护的局部外观设计的产品种类相同。

（2）设计要素判断：将二者要求保护的按钮和发音孔部分相比，按钮和发音孔的整体布局，以及上部按钮的形状和布局均相同，区别点主要在于下部发音孔的形状不同，要求保护的发音孔为带竖纹圆形结构，对比设计为带竖纹矩形结构。对一般消费者而言，发音孔的矩形和圆形结构属于该类产品的惯常形状设计，该差异不足以对整体视觉效果产生显著影响。

（3）位置和比例关系判断：本申请和对比设计中相应的按钮和发音孔均位于视频对话机右侧面板，位置基本相同，占整体产品的比例也基本相同，因此可以认定二者在产品整体中的位置和比例关系在常规变化范围内。

综上分析，将本申请要求保护的按钮和发音孔与对比设计相应部分相比，二者要求保护的局部外观设计的产品种类相同，设计要素虽有不同，但未对整体视觉效果产生显著影响，位置和比例关系的变化也在常规变化范围内，因此二者不具有明显区别。

图 3-3-5　本申请
（视频对话机右侧面板）

图 3-3-6　对比设计
（视频对话机右侧面板）

【案例 16】本申请要求保护的是遥控器按键的局部外观设计（如图 3-3-7 所示），对比设计也显示了遥控器按键的局部外观设计（如图 3-3-8 所示），二者对比如下：

（1）种类判断：首先判断用于对比的局部的用途是否相同或者相近，本申请要求保护的按键部分与对比设计相应部分的按键部分均用于远程操控，局部的用途相同；再判断整体产品的用途是否相同或者相近，二者要求保护的局部均用于遥控器，即局部所在的整体产品的用途也相同。因此，可以判定要求保护的局部外观设计的产品种类相同。

（2）设计要素判断：将本申请要求保护的按键部分与对比设计的按键部分相比，二者均由上部圆形按键和下部多排按键组合而成，整体布局基本相同。区别点主要在于要求保护的遥控器按键中部相比对比设计缺少一行三排按键和一行两排按键。在整体布局极为相似、按键个体形状基本相同的情况下，该区别点对一般消费者而言属于局部细微变化，不足以对整体视觉效果产生显著影响。

（3）位置和比例关系判断：本申请和对比设计中相应的按键部分均位于遥控器中上部，虽然要求保护的遥控器按键由于数量略少导致占整体比例相对较小，但该位置和比例关系的变化属于按键数量增减导致的常规变化，因此可以认定二者在产品整体中的位置和比例关系在常规变化范围内。

综上分析，将本申请要求保护的按键部分与对比设计的按键部分相比，二者要求保护的局部外观设计的产品种类相同，设计要素虽有不同，但未对整体视觉效果产生显著影响，位置和比例关系的变化也在常规变化范围内，因此二者不具有明显区别。

图3-3-7　本申请（遥控器按键）

图3-3-8　对比设计（遥控器按键）

二、现有设计的转用

转用是指将产品的外观设计应用于其他种类的产品。模仿自然物、自然景象以及将无产品载体的基本几何形状应用到产品的外观设计中，也属于转用。

由于现有设计的转用针对的是不同种类产品之间对于相同或者仅存在细微差别的外观设计的运用，除了在其产品领域内进行首次转用的，属于值得鼓励的设计创新外，如果现有设计中已经存在同样类型的具体转用手法，后来者很容易受到启发，照葫芦画瓢复制该转用手法进行产品设计，这与专利法鼓励产品设计创新的初衷并不相符。因此，在外观设计是否具有明显区别的判断中包括现有设计转用这种情形，旨在肯定对现有设计在不同种类产品设计上的首次转用，但避免再无创新可言的借鉴抄袭式设计转用。

因此，在对现有设计的转用进行是否具有明显区别的判断时，除了判断本申请与现有设计在设计要素上是否相同或者近似外，一般还需要进一步判断该转用在相同或者相近种类产品的现有设计中是否存在具体的转用手法的启示。如果存在转用启示，则本申请与现有设计相比不具有明显区别。另外，对于单纯采用基本几何形状或者对其仅作细微变化得到的外观设计，单纯模仿自然物、自然景象的原有形态得到的外观设计，单纯模仿著名建筑物、著名作品的全部或者部分形状、图案、色彩得到的外观设计，以及由其他种类产品的外观设计转用得到的玩具、装饰品、食品类产品的外观设计，属于明显存在转用手法启示的情形，在判断时不需要另行证明其是否存在转用启示。

关于局部外观设计的转用，原则上适用与产品整体外观设计转用相同的判断标准。局部外观设计转用是指将产品或者产品的局部的外观设计应用于其他种类产品的局部，其关注点在于要求保护的局部是否存在现有设计转用的情形，而非判断产品整体是否属于现有设计转用。

如图 3-3-9 所示，本申请要求保护的是帽子的主体（头戴部分）的局部外观设计，图 3-3-10 所示的对比设计是足球，将本申请的帽子的主体与足球的相应部分相比，二者形状基本相同，但该局部的用途以及整体产品的用途均不同，现有设计中存在将足球的局部外观设计应用于帽子头戴部分的转用手法启示（图 3-3-11 所示）。因此，本申请要求保护的帽子的头戴部分是由足球的局部外观设计转用得到的，未产生独特的视觉效果，并且该转用手法在相同种类产品的现有设计中存在启示，该局部外观设计与对比设计相比不具有明显区别。

图 3-3-9　本申请　　　图 3-3-10　对比设计　　图 3-3-11　现有设计
（帽子的主体）（彩图）　　（足球）（彩图）　　　（帽子）（彩图）

以下几种类型属于明显存在外观设计转用手法启示的情形，由此得到的外观设计与现有设计相比不具有明显区别。

（1）单纯采用基本几何形状或者对其仅作细微变化应用于产品的外观设计。

如图 3-3-12 所示，本申请要求保护的是龙头手柄的局部外观设计，其为单纯采用圆柱体这一基本几何形状应用于产品的外观设计，属于明显由现有设计转用得到的外观设计，因此本申请与现有设计相比不具有明显区别。

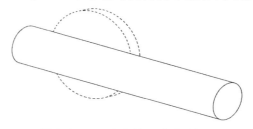

图 3-3-12　本申请（龙头手柄）

（2）单纯模仿自然物、自然景象的原有形态得到的外观设计。

如图 3-3-13 和图 3-3-14 所示，本申请要求保护的是荷花灯灯体的局部外观设计，其为单纯模仿自然物荷花的原有形态得到的外观设计，因此本申请与现有设计相比不具有明显区别。

图 3-3-13　本申请（荷花灯灯体）
（彩图）

图 3-3-14　对比设计（荷花）
（彩图）

（3）单纯模仿著名建筑物、著名作品的全部或者部分形状、图案、色彩得到的外观设计。

如图 3-3-15 和图 3-3-16 所示，本申请要求保护的是台灯灯体的局部外观设计，其为单纯模仿著名建筑物天坛的原有形态得到的外观设计，因此本申请与现有设计相比不具有明显区别。

图 3-3-15　本申请（台灯灯体）
（彩图）

图 3-3-16　对比设计（天坛）
（彩图）

如图 3-3-17 和图 3-3-18 所示，本申请要求保护的是隐形眼镜盒上部的局部外观设计，其为单纯模仿著名作品《小黄人大眼萌》动画片中"小黄人"的形象局部得到的外观设计，因此本申请与现有设计相比不具有明显区别。

图 3-3-17　本申请（隐形眼镜盒的上部）　图 3-3-18　对比设计（小黄人卡通形象）
　　　　　（彩图）　　　　　　　　　　　　　　　　（彩图）

（4）由其他种类产品的外观设计转用得到的玩具、装饰品、食品类产品的外观设计。

如图 3-3-19 和图 3-3-20 所示，本申请要求保护的是玩具汽车车头的局部外观设计，其车头模仿了具有运输功能的汽车的车头设计，因此本申请与现有设计相比不具有明显区别。

图 3-3-19　本申请（玩具汽车车头）　　　图 3-3-20　对比设计（汽车）
　　　　　（彩图）　　　　　　　　　　　　　　　（彩图）

三、现有设计或者现有设计特征的组合

现有设计及其特征的组合是指将两项或者两项以上设计或者设计特征拼合成一项外观设计，或者将一项外观设计中的设计特征用其他设计特征替换。这里的组合包括拼合和替换。

在判断本申请与现有设计或者现有设计特征的组合相比是否具有明显区别时，应当将现有设计或者现有设计特征与本申请对应部分的设计进行对比，在现有设计或者现有设计特征与本申请对应部分的设计相同或者仅存在细微差别的情况下，判断在与本申请相同或者相近种类产品的现有设计中是否存在具体的组合手法的启示。可见，组合对比中的现有设计或者现有设计特征并不仅限于相同或者相近种类产品，对于不同种类产品的现有设计或者现有设计特征的组合，需要进一步判断在与本申请相同或者相近种类产品的现有设计中是否存在具体的组合手法的启示。如果存在，则本申请相对于现有设计或者现有设计特征的组合不具有明显区别；如果不存在，则本申请相对于现有设计或者现有设计特征的组合具有明显区别。

与产品整体外观设计的组合对比的情形类似，局部外观设计采用组合对比时也要视具体情况而定。一种是设计要素的组合，比如产品某局部的形状和图案的组合；另一种是组成部分的组合，比如杯盖和杯体上部的组合。如果要求保护的局部外观设计无论在物理上还是视觉上均不可再行分割，则一般不能采用组合对比的方式进行判断，只能将对比设计中与之对应的部分单独进行对比。例如，要求保护的局部外观设计为袜跟的形状，是袜子不可分割的一部分，一般不能通过对袜跟再分割后通过组合的方式进行组合对比，只能将对比设计袜子中与之对应的袜跟部分与其直接对比；反之，如果要求保护的局部外观设计能够在物理或者视觉进行再次分割，则可以采用组合对比的方式进行对比。

以下几种类型的组合属于明显存在组合手法启示的情形，由此得到的外观设计属于与现有设计或者现有设计特征的组合相比没有明显区别的外观设计，在判断时不需要另行证明其是否存在具体组合手法的启示。

（一）相同或者相近种类产品现有设计的拼合

将相同或者相近种类产品的多项现有设计原样或者作细微变化后进行直接拼合得到的外观设计，与现有设计的组合相比没有明显区别，且不需要组合手法启示。

如图 3-3-21 所示，本申请要求保护的是录音机"回"形面板和按键部分的局部外观设计，图 3-3-22 所示对比设计 1 公开了录音机上部"回"形面板的设计，与要求保护的录音机相应区域的用途、所在整体产品的用途、"回"形面板的形状及其在产品整体中的位置和比例关系均相同；图 3-3-23 所示对比设计 2 公开了中部三个按键的设计，与要求保护的录音机按键的用途、所在整体产品的用途以及按键的形状均相同，虽然按键的具体位置略有差异，但在常规变化范围内。因此，本申请要求保护的录音机"回"形面板和按键部分是将对比设计 1 的"回"形面板部分和对比设计 2 的按键部分原样或者作细微变化后进行直接拼合得到的外观设计。这种拼合属于明显存在组合手法启示的情形，且没有产生独特视觉效果，因此本申请与现有设计特征的组合相比不具有明显区别。

 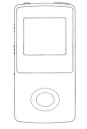 

图 3-3-21　本申请　　图 3-3-22　对比设计 1　　图 3-3-23　对比设计 2
　（录音机面板）　　　　（录音机）　　　　　　（录音机外壳）

（二）相同或者相近种类产品现有设计特征的替换

　　将产品外观设计的设计特征用另一项相同或者相近种类产品的设计特征原样或者作细微变化后替换得到的外观设计，与现有设计相比没有明显区别，且不需要组合手法启示。

　　如图 3-3-24 所示，本申请要求保护的是钢笔的笔盖部分的局部外观设计，图 3-3-25 所示对比设计 1 公开了一款钢笔的设计，其笔盖部分与要求保护的钢笔笔盖的用途、所在整体产品的用途及其在产品整体中的位置和比例关系均相同，区别点在于笔夹形状不同；图 3-3-26 所示对比设计 2 公开了笔盖的设计，其笔夹部分与要求保护的钢笔笔盖中笔夹部分的用途、所在整体产品的用途、笔夹的形状及其位置和比例关系均相同。因此本申请要求保护的钢笔笔盖是用对比设计 2 的笔夹部分原样替换对比设计 1 钢笔笔盖的笔夹部分得到的外观设计。这种替换属于明显存在组合手法启示的情形，且没有产生独特视觉效果，因此本申请与现有设计特征的组合相比不具有明显区别。

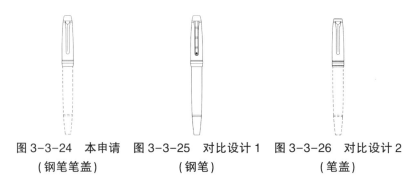

图 3-3-24　本申请　　图 3-3-25　对比设计 1　　图 3-3-26　对比设计 2
　（钢笔笔盖）　　　　　（钢笔）　　　　　　　　（笔盖）

（三）现有设计要素的拼合或替换

现有设计要素的拼合是指将产品现有的形状设计与现有的图案、色彩或者其结合通过直接拼合得到该产品的外观设计；现有设计要素的替换是指将现有设计中的图案、色彩或者其结合替换成其他现有设计的图案、色彩或者其结合。

如图 3-3-27 所示，本申请要求保护的是酒瓶的瓶身中段的局部外观设计，图 3-3-28 所示对比设计 1 公开了饮料瓶的设计，其瓶身中段与要求保护的酒瓶瓶身中段的用途、所在整体产品的用途、瓶身中段的形状及其在产品整体中的位置和比例关系均相同，区别点在于表面图案的不同；图 3-3-29 所示对比设计 2 公开了与要求保护的酒瓶瓶身中段表面相同的鱼形图案。因此本申请要求保护的酒瓶瓶身中段是将对比设计 1 饮料瓶瓶身中段表面的椰子图案替换成对比设计 2 的鱼形图案得到的外观设计。这种替换属于明显存在组合手法启示的情形，且没有产生独特视觉效果，因此本申请与现有设计特征的组合相比不具有明显区别。

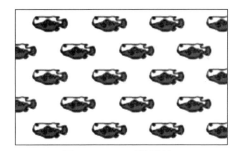

图 3-3-27　本申请　　图 3-3-28　对比设计 1　　图 3-3-29　对比设计 2
　（瓶身中段）　　　　（饮料瓶）　　　　　　　（花布）

综上所述，局部外观设计作为外观设计专利保护的客体，在进行相同、实质相同和不具有明显区别的对比判断时，既不是单纯以要求保护的局部进行直接对比而得出结论，也不是严格要求局部和整体的外观设计都要落入相同、实质相同和不具有明显区别的规定范围，而是着眼于要求保护的局部，同时考虑局部在整体中的位置和比例关系。整体对局部的影响除了位置和比例关系外，还对产品的种类有限定作用，从而将局部外观设计的保护范围限定在合理的区间。申请人应当注意的是，要求保护的设计特征越少，权利的稳定性越差。由于局部外观设计的设计特征通常会少于整体外观设计，因此在申请局部外观设计时，在满足形式要件的前提下，还应当合理确定局部外观设计的保护范围，防止因主张的保护范围不当导致权利不稳定。

第四章 局部外观设计专利

申请的单一性

专利申请的单一性原则指"一件专利申请应当限于一项发明创造"。采用单一性申请原则能有效防止过多无关发明创造以一件专利申请提出，使专利申请的授权和管理、专利权的行使、专利纠纷的处理、公众对发明创造内容的再利用等更加简洁、高效。

单一性的要求是授予专利权的形式要件，而不是授予专利权的实质性条件。当专利申请不符合单一性要求时，可以通过删除其中部分发明创造的方式来克服缺陷，删除的内容也可以通过提交分案申请的方式获得专利保护，并享有原申请的申请日。

《专利法》第31条第2款规定："一件外观设计专利申请应当限于一项外观设计。同一产品两项以上的相似外观设计，或者用于同一类别并且成套出售或者使用的产品的两项以上外观设计，可以作为一件申请提出。"这是关于外观设计专利申请的单一性要求的规定。继2008年《专利法》第三次修改后，外观设计专利申请单一性要求可以概括为"一原则两例外"。"一原则"，即"一件外观设计专利申请应当限于一项外观设计"的"一设计一申请"的单一性总原则；"两例外"，是指成套产品的外观设计或者同一产品的相似外观设计是两种能够合案申请的单一性例外情形。如表4-0-1所示可以作为一件外观设计专利申请提交的三种情形。

表4-0-1　可以作为一件外观设计专利申请提交的情形（彩图）

一项外观设计	成套产品的外观设计	同一产品的相似外观设计

第四次修改后的《专利法》于2021年6月1日实施。此次修改将《专利法》第2条第4款中外观设计专利的保护客体由产品的整体设计延伸到产品的局部设计，但对涉及单一性的《专利法》第31条第2款未作出任何修改。这是不是意味着新《专利法》实施以后在单一性方面的要求没有变化？

显然不能简单地回答"是"或者"不是"。虽然《专利法》第31条第2款没有因为局部外观设计制度的引入而作出修改，即单一性的原则和例外情形都没有发生变化，但是单一性的判断对象却发生了实质性的改变——从产品的整体外观设计延及产品的局部外观设计。局部外观设计除了与产品的整体外观设计一样，涉及该局部本身的形状、图案、色彩之外，还与其所在产品整体中的位置、比例关系直接相关，因此局部外观设计单一性判断的具体标准和适用情形较整体外观设计都会更加复杂。

本章将对局部外观设计专利申请单一性的基本要求和例外情况进行详细说明，并在此基础上介绍局部外观设计分案申请的相关要求。

第一节　一项局部外观设计的专利申请

一、一项局部外观设计

要求保护的局部外观设计应当是产品的局部，并且需要考虑其载体的存在以及二者的相互关系。局部外观设计应当是整体外观设计的一部分，既能相对独立于整体，又要归属于整体。《专利法》的第四次修改并未修改第31条第2款，表明产品整体外观设计的单一性基本要求同样适用于局部外观设计，即一件局部外观设计专利申请应当限于一项局部外观设计。

对申请人而言，一项整体外观设计的专利权所保护的范围通常是明确的，一张桌子的设计是一项外观设计，一张桌子和一把椅子的设计分属两项外观设计。而"一项局部外观设计"所能保护的范围就复杂得多，一项整体外观设计往往可以分割成若干局部外观设计，正如我们很难确定一张桌子能够包含多少项局部外观设计。

如图4-1-1所示汽车的局部外观设计，其前脸部分可以作为一项局部外观设计提出专利申请，而前脸部分还可以进一步分割，将汽车前格栅、前保险杆各自作为一项局部外观设计，或者将前格栅及与之相连的前大灯共同作为一项局部外观设计，只要满足"能够形成相对独立的区域并能够构成完整的设计单元"，就符合"一设计一申请"的单一性要求。因此，一项局部外观设计所要求保护的内容，在属于保护客体的前提下，通常是由申请人根据其设计的特点和申请策略综合考虑的结果。比如上述的汽车前脸案例中，如果前格栅和车灯部分是其设计创新部位，而其他部分为该领域的常见设计，则前格栅和车灯的局部外观设计，较将前格栅和车灯一起纳入汽车前脸的局部外观设计更具有针对性，更利于外观设计专利对设计创新的保护。

汽车前格栅　　　　　　　　　　　汽车前保险杠

汽车的前格栅和大灯　　　　　　　　汽车前脸

图 4-1-1　汽车前脸部分可作为局部外观设计专利申请的若干情形（彩图）

二、无连接关系的多个局部作为一项局部外观设计的条件

一件产品的外观设计可以分割成若干个局部设计，也会存在一些局部虽然没有物理连接关系，但其组合在一起会产生不同于单一局部设计的特定视觉效果，比如剪刀的两个手柄、眼镜的两个镜腿等，若将其中之一进行局部外观设计专利申请，虽然能够对其具体设计进行保护，但是无法保护其多个局部组合在一起产生的视觉效果，难以表达二者的内在联系，不利于设计创新的全方位保护。

基于上述情况，在《专利审查指南 2023》第一部分第三章第 9 节中增加如下规定："同一产品的两个或两个以上无连接关系的局部外观设计，如果具有功能或者设计上的关联并形成特定视觉效果的，可以作为一项外观设计。例如眼镜中的两个镜腿的设计、手机上四个角的设计。"该规定明确了同一产品的物理上无连接关系的多个局部设计可以作为一项外观设计提出申请的条件，下面将结合案例进一步阐释。

（一）功能上具有关联性

同一产品的两个或两个以上无连接关系的局部外观设计是为了实现同一个功能而配合使用，并在视觉上能够相互呼应，则认为其具有功能上的关联。

如图4-1-2所示镜腿，要求保护的是眼镜的两个镜腿的局部外观设计，二者没有物理连接关系，但结合在一起共同实现眼镜的佩戴功能，产生了不同于单个镜腿设计的独特视觉效果，可以作为一项局部外观设计。

如图4-1-3所示首饰卡扣，要求保护的是首饰开口部分的卡扣的局部外观设计，二者分别位于开口两侧的边缘，但是共同实现了首饰的扣合功能，产生了不同于单个卡扣设计的独特视觉效果，可以作为一项局部外观设计。

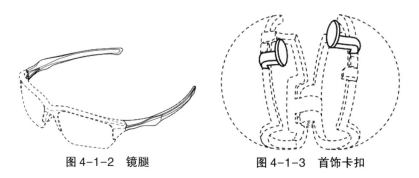

图 4-1-2　镜腿　　　　　　　　图 4-1-3　首饰卡扣

如图4-1-4所示，运动鞋鞋带的固定及调节装置，要求保护的是包括交叉绑带、调节扣及三个穿线环扣的局部外观设计。上述结构均用于连接和固定鞋带，鞋侧面的调节扣还用于控制鞋带长度，它们共同起到固定和调节鞋带的作用，产生了不同于单个局部设计的独特视觉效果，可以作为一项局部外观设计。

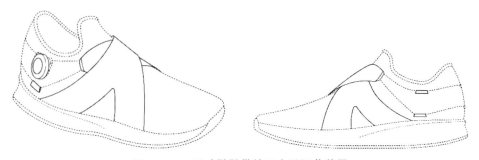

图 4-1-4　运动鞋鞋带的固定及调节装置

（二）设计上具有关联性

产品的外观设计是功能性和装饰性的有机结合体，同一产品的两个或两个以上无连接关系的局部设计通常是基于同一产品整体统一的设计构思，从而会产生形式上或者实体上的联系，并在视觉上产生呼应。如具有相同或相似的设计特征、在形状或者位置上具有相同、对称或者对应关系等，通常认为其具有设计上的关联。

如图 4-1-5 所示手机外壳装饰配件，要求保护的是手机外壳两侧的配件的外观设计，外壳两侧的配件处于彼此分离的状态，但是二者属于左右对称的关系，在形态和位置上有明显的设计关联，并且相对于一侧的外壳配件设计产生了相互呼应的视觉效果，可以作为一项局部外观设计提出申请。

如图 4-1-6 所示鞋子的网面，要求保护的是包括前部和侧面两个分离的带透气孔的不规则区域的局部外观设计，两部分设计的形状和位置相互呼应，具有明显的设计关联，并且相对于鞋子的每一网面设计均产生了独特的视觉效果，可以作为一项局部外观设计。

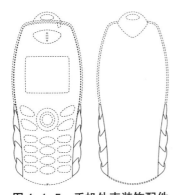 

图 4-1-5　手机外壳装饰配件　　　　图 4-1-6　鞋子的网面

如图 4-1-7 所示茶壶的壶嘴和壶把，要求保护的是茶壶的壶嘴和壶把的局部外观设计，二者均采用类似于天鹅颈的弯曲造型，明显是基于同一设计构思的设计，具有设计上的关联性，相对于茶壶的壶嘴或者壶把的单独设计均产

图 4-1-7　茶壶的壶嘴和壶把（彩图）

生了独特的视觉效果，可以作为一项局部外观设计。

对于同一产品的两个或两个以上无连接关系的局部外观设计可以作为一项外观设计的情况，虽然《专利审查指南2023》给出了"具有功能或者设计上的关联"两个并列条件，只要具备其中一个条件，即满足作为一项设计的要求。但是实践中这两方面的关联性往往兼而有之，既存在功能上的关联又存在设计上的呼应，所以无须将二者完全孤立地看待。如图4-1-8所示掌上游戏机的控制按键，要求保护的是掌上游戏机两侧的控制按键的外观设计，二者均用于游戏操控，具有功能上的关联。同时，两个按键区对称位于机身两侧，且外轮廓均采用一大一小两圆相连的造型，形成了设计上的呼应。该设计的两组控制按键明显具有功能和设计两方面的关联，并且形成了特定的视觉效果，可以作为一项局部外观设计。

图4-1-8　掌上游戏机的控制按键

在提交专利申请时，只要能够明确判断出同一产品无连接关系的多个局部满足了功能上关联或者设计上关联的任一条件，且形成了特定的视觉效果，就可以将其作为一项局部外观设计提出申请；反之，则不能作为一项局部外观设计。如图4-1-9所示汽车的轮毂和后备箱盖，要求保护的分别是汽车轮毂和汽车后备箱的局部外观设计，汽车的轮毂和后备箱盖并无物理连接关系，虽然二者都是汽车的局部设计，但在功能或者设计上均不具有明确的关联性，不能作为一项局部外观设计，二者应当分别提出申请。

图 4-1-9　汽车的轮毂和后备箱盖（彩图）

《专利审查指南 2023》对同一产品无连接关系的多个局部外观设计可以作为一项设计的规定，使申请人可以选择将具有关联性的多个局部设计作为一项外观设计进行申请，也可以对其中各个局部设计分别进行申请。由于上述两种申请方式在保护范围上各有侧重，申请人需要结合其保护诉求以及要求保护的多个局部外观设计的具体情况进行合理选择。

多个局部作为一项外观设计提出专利申请的优势，在于它能够体现出每一局部在功能或设计上的整体性，比如它们在整体产品设计中的位置、比例等对应关系。但是相应地，该申请方式限定了多个局部之间的关系，可以类比整体外观设计中的组件产品，无法就单一局部主张权利。

多个局部分别提交局部外观设计专利申请的方式，侧重保护每一个局部的样式，各个局部能够获得独立的权利，但是无法体现出多个局部之间的相关性，其特定的视觉效果也就难以得到有效保护。如果设计创新的重点在于多个局部设计关联形成的视觉效果，则宜采用该多个局部设计作为一项外观设计提出申请，而不宜采用单独申请的方式。

值得注意的是，就同一产品的多个局部设计提交专利申请时，还需要考究该多个局部之间是否属于同样的发明创造，依据《专利法》第 9 条规定能否授予专利权，以及各个局部是否明显不符合《专利法》第 2 条第 4 款或者第 23 条第 1 款、第 2 款的规定。如图 4-1-2 所示镜腿，眼镜的两个镜腿为对称设计，彼此构成实质相同的局部外观设计，若将其分别提出专利申请，无论同一日提出还是不同日先后提出申请，都会依据《专利法》第 9 条的规定而只能有一件申请获得授权，且不能保护多个局部形成的视觉效果。

三、涉及图形用户界面的一项局部外观设计

对于图形用户界面，其与人机交互有关的局部设计属于局部外观设计专

利的保护客体，涉及图形用户界面的局部外观设计，无论是单一界面或者单一界面中无连接关系的多个局部，还是多个界面或者其中的多个局部，均需要满足单一性的要求。下面从单一界面和多级界面出发详解涉及图形用户界面的一项局部外观设计。

（一）涉及的图形用户界面为单一界面

单一界面，是指只有一个界面，所有的设计内容都包含在这个界面中，不存在交互后的界面。如图 4-1-10 所示带安全扫描图形用户界面的手机，是用于手机安全扫描的一个完整界面，其图形用户界面就属于单一界面。对于局部外观设计来说，单一界面既包括完整图形用户界面，又包括完整图形用户界面中单独一部分，还包括满足一定条件下的完整图形用户界面中无连接关系的多个局部，下面将一一进行说明。

图 4-1-10　带安全扫描图形
用户界面的手机（彩图）

1. 完整图形用户界面

完整图形用户界面，是指要求保护的是一个界面，并且是完整的。如图 4-1-11 所示表盘的信息显示图形用户界面，要求保护的是表盘的完整图形用户界面，将不要求保护的图形用户界面的载体表盘采用虚线表示的方式提出专利申请。如图 4-1-12 所示电子设备的菜单控制图形用户界面，要求保护的是电子设备的完整图形用户界面，电子设备作为《专利审查指南 2023》中拟定的图形用户界面的特殊载体，可以仅提交图形用户界面的视图，省略电子设备这个虚拟的图形用户界面的载体，将完整图形用户界面作为要求保护的局部设计提交申请。因此，对于完整图形用户界面来说，在视图中无论采用带有载体还是不带有载体的方式表达，均属于单一界面的局部外观设计，可以作为一项外观设计提出申请。

图 4-1-11　表盘的信息显示
图形用户界面（彩图）

图 4-1-12　电子设备的菜单控制
图形用户界面

2. 完整图形用户界面中单独一部分

完整图形用户界面中单独一部分，是指要求保护的是完整图形用户界面中的一个部分，其他部分不要求保护。对于要求保护的部分，应当是能够形成相对独立的区域且构成相对完整的设计单元。如图 4-1-13 所示电子设备的记事本分类图形用户界面，将完整图形用户界面中一部分作为局部外观设计要求保护，该局部是一个独立的功能模块，并且有单一固定的区域，属于完整图形用户界面中单独一部分，可以作为一项局部外设计提出申请。因此，对于完整图形用户界面中单独一部分的局部外观设计，只要满足外观设计专利保护客体的要求，均可以一项局部外观设计提出专利申请。

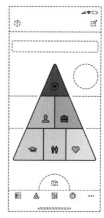

图 4-1-13　电子设备的记事本
分类图形用户界面

3. 完整图形用户界面中无连接关系的多个部分

如果完整图形用户界面中无连接关系的多个部分是为了实现同一个功能而配合使用，并在视觉上能够相互呼应，则认为其具有功能上的关联。但是图形用户界面的设计通常是功能性和装饰性的有机结合体，其无连接关系的多个局部设计通常是基于图形用户界面整体统一的设计构思，会产生相互呼应的视觉效果，则认为具有设计上的关联。

如图 4-1-14 所示汽车的信息显示图形用户界面的仪表栏，汽车控制面板左、右两侧的仪表栏显示的图形用户界面，在功能上均具有指示作用，在设计上左右对称、相互呼应，因此可以作为一项局部外观设计提出申请。

图 4-1-14　汽车的信息显示图形用户界面的仪表栏（彩图）

如图 4-1-15 所示电子设备的信息备份图形用户界面的发送接收按钮，要求保护的发送和接收按钮彼此分离，但是均具有信息备份的功能。在设计上，外部均采用相同的圆形轮廓，内部是信息接收发送的指示箭头并呈对称排布，在设计上具有很强的关联性，因此可以作为一项局部外观设计提出申请。

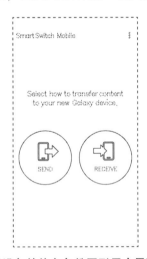

图 4-1-15　电子设备的信息备份图形用户界面的发送接收按钮

（二）涉及的图形用户界面为多级界面

多级界面，是指为了实现同一功能，通过人机交互的方式，能够一级一级展开的纵向延伸的多个界面。该多个界面之间应当逻辑清楚，并且交互的变化方向明确。多级界面的设计内容虽然包含在不同的界面中，但是在功能上通过人机交互产生了关联，并且形成了特定的视觉效果，因此多级界面无论是完整界面还是其中的一部分，均可以作为一项外观设计提出专利申请。
这里需要强调的是，多级界面实现的同一功能指的是具体的功能，比如多级
界面实现的是社交功能，而社交涵盖的内容比较宽泛，这就需要将其具体
化，如"添加好友"的功能。这与《专利审查指南 2023》第一部分第三章第
4.5 节规定的"产品名称应写明图形用户界面的具体用途"的要求是一致的。

对于局部外观设计来说，多级界面既包括完整图形用户界面的多级界面，
也包括完整图形用户界面的部分的多级界面，下面将一一进行说明。

1. 多级界面的完整图形用户界面

完整图形用户界面的多级界面，是指要求保护的是多个界面，并且每一
界面都是完整的。如图 4-1-16 所示电子设备的音量调节图形用户界面，要
求保护的是由三个界面构成的局部外观设计。该三个界面同属于一个功能模
块，通过点击第一级界面（主视图）中的"设置"按钮，会打开变化状态
图 1 所示的第二级界面；点击变化状态图 1 的"音量"按钮，会打开变化状
态图 2 所示的第三级界面。三个界面完成的是音量调节的功能，实现的是同
一具体功能，存在直接的功能上的关联，并且三个界面之间的逻辑清楚，交
互的变化方向明确，因此该三个界面的局部设计可以作为一项外观设计提出
申请。

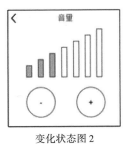

主视图　　　　　　　变化状态图 1　　　　　　变化状态图 2

● 图 4-1-16　电子设备的音量调节图形用户界面

如图 4-1-17 所示电子设备的订单支付图形用户界面，要求保护的是由
七个图形用户界面构成的局部外观设计。其中主视图显示为订单支付界面，
变化状态图 1、2 为密码支付界面，变化状态图 3、4、5 为指纹支付界面，
变化状态图 6 为支付成功界面。七个界面包含了密码和指纹两种支付功能，
即主视图与变化状态图 1、2 和 6 完成的是密码支付功能，主视图、变化状
态图 3、4、5、6 完成的是指纹支付功能，很明显七个界面实现的具体功能
不同，因此不能作为一项设计提出专利申请。

主视图　　　　　　　变化状态图1　　　　　　变化状态图2

变化状态图3　　　变化状态图4　　　变化状态图5　　　变化状态图6

图4-1-17　电子设备的订单支付图形用户界面（彩图）

由此可见，能够作为一项设计的多级界面，只能是纵向延伸的多级界面，平行的关联界面本质上是功能不同的多项界面设计，一般不属于一项设计。

2. 多级图形用户界面的局部

多级图形用户界面的局部，是指要求保护的是多级图形用户界面中的一个部分，其他部分不要求保护。如果多级界面中处于不同层级界面的多个局部外观设计用于实现同一功能，则通常可以被视为一项局部外观设计。如图4-1-18所示电子设备的汽车远程控制界面的空调设置菜单，要求保护的是由两个界面构成的局部外观设计，两个界面同属于一个功能模块，通过点击一级界面中的"开启空调"按键，会打开二级界面中的空调设置菜单，两个界面实现的是同一个功能，存在直接的功能上的关联，并且人机交互的逻辑清楚，变化方向明确，因此该两个界面的局部设计可以作为一项局部外观设计提出申请。

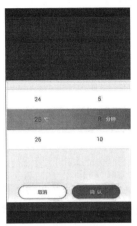

主视图　　　　　　　　　　　　变化状态图

图 4-1-18　电子设备的汽车远程控制界面的空调设置菜单（彩图）

如图 4-1-19 所示电子设备的私信表情图形用户界面的主体，包括上下两级界面，其上一级界面用于调出表情面板，点击要发送的"拍手"表情，呈现出下一级界面。其要求保护的是上一级界面的对话框和表情区的"拍手"表情，以及下一级界面的对话框和显示的"拍手"表情，上述界面用于实现同一项表情发送功能，两个界面存在功能上的关联，且逻辑变化方向清晰、唯一，因此可以作为一项图形用户界面的外观设计提出申请。

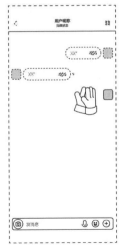

主视图　　　　　　　　　　　　变化状态图

图 4-1-19　电子设备的私信表情图形用户界面的主体

如图 4-1-20 所示电子设备的信息查询图形用户界面的菜单栏，要求保护的是由三个图形用户界面构成的局部外观设计，其三个界面存在很明显的上下级关系，即一个一级界面和两个二级界面。其中一级界面要求保护的是包含 13 个不同功能模块图标的菜单栏，二级界面要求保护的是分别点击一级界面菜单栏中的第二项"高考作文"和第三项"闪电估分"呈现的设计，分别是一级界面的直属下级界面。三者在形式上虽然呈现出一级界面包含二级界面的关系，但是在实现界面功能上，两个二级界面分别实现的是"高考作文"和"闪电估分"的具体功能，并非分别用于实现一级界面的同一具体功能，因此上述三个局部外观设计不能作为一项外观设计提出申请。

主视图　　　　　　　　　　　　　　变化状态图 1

变化状态图 2

图 4-1-20　电子设备的信息查询图形用户界面的菜单栏（彩图）

第二节　多项局部外观设计的合案申请（相似设计）

作为单一性要求的例外，多项外观设计在满足一定条件下可以合案申请。在《专利法》第四次修改增加局部外观设计专利保护制度后，《专利审查指南 2023》第一部分第三章第 9.1 节"同一产品的两项以上的相似外观设计"部分进行了适应性修改。在"同一产品"和"相似性判断"中增加局部外观设计的内容，表明同一产品的多项相似的局部外观设计可以作为一件申请提出，使相似外观设计制度从产品整体延及产品局部外观设计，满足了创新主体对于某一产品局部的多项相似设计合案申请的需求，符合相似外观设计制度设置的初衷。同时在《专利审查指南 2023》第一部分第三章第 9.2 节中也明确了涉及成套产品的多项局部外观设计不能合案申请，即"成套产品的各项外观设计应为产品的整体外观设计，而非产品的局部外观设计"。

由此可见，在现有法律框架下，对于多项局部外观设计来说，其单一性的例外仅指同一产品的相似外观设计，只有多项外观设计在满足"同一产品"和"外观设计相似"的前提下，才可以作为一件专利申请提出。下述将分别就"同一产品"的认定和局部外观设计相似性判断进行详细说明。

一、"同一产品"的认定

根据《专利法》第 31 条第 2 款的规定，相似外观设计专利申请中的各项外观设计应当是同一产品的外观设计。引入局部外观设计专利保护制度后，该条款并没有发生变化。因此，无论要求保护的是产品的整体设计还是局部设计，如果以相似设计形式提出合案申请，都需要满足"同一产品"的要求。

为了明确对局部相似设计"同一产品"的要求，《专利审查指南 2023》将原专利审查指南第一部分第三章第 9.1.1 节"同一产品"中的"一件申请中的各项外观设计应当为同一产品的外观设计"修改为"一件申请中的各项外观设计应当为同一产品的整体或者局部设计"。表明对于"同一产品"来说，无论产品的整体设计还是局部设计秉承的依旧是"产品"，也就是整体产品。

判断产品的整体或者产品的局部外观设计是否符合相似外观设计的要求时，首先应当考虑每一项设计依托的"整体产品"是否为"同一产品"。对于局部外观设计来说，所依托的整体产品是否为"同一产品"与判断整体外观设计为"同一产品"一致，正如《专利审查指南 2023》中举例，均为餐用盘的外观设计，可认为属于"同一产品"的外观设计。

图 4-2-1 所示音乐播放器的按键，要求保护的是音乐播放器的按键的局部外观设计，按键所依托的整体产品为音乐播放器。图 4-2-2 所示遥控器的按键，要求保护的是遥控器的按键的局部外观设计，按键所依托的整体产品是遥控器。虽然二者保护的均为按键的局部外观设计，但是二者的按键所在的整体产品显而易见不属于"同一产品"，因此二者不能作为相似局部外观设计合案申请。

图 4-2-1 音乐播放器的按键

图 4-2-2 遥控器的按键

如图 4-2-3 所示汽车前部，要求保护的是汽车前部的局部外观设计，所依托的整体产品为汽车。如图 4-2-4 所示汽车后部，要求保护的是汽车后部的外观设计，所依托的整体产品为汽车。很明显，二者所依托的整体产品均为汽车，所以二者属于"同一产品"的局部外观设计。但是二者是否能够作为相似局部外观设计合案申请，还需要对要求保护部分的相似性做进一步判断。

图 4-2-3 汽车前部（彩图）

图 4-2-4 汽车后部（彩图）

如图 4-2-5 和图 4-2-6 所示组合式收音机的调频控制面板，二者要求保护的均为组合式收音机的调频控制面板的局部外观设计，二者的调频控制面板所在整体产品均为收音机，满足合案申请的"同一产品"的要求。

图 4-2-5 组合式收音机的
调频控制面板（彩图）

图 4-2-6 组合式收音机的
调频控制面板（彩图）

图 4-2-7 所示要求保护的是电子鼠标的主体的外观设计，图 4-2-8 所示要求保护的是除了滚轮开孔部位的电子鼠标主体的局部外观设计，虽然二者要求保护的部位有差异，但是二者所依托的整体产品均为电子鼠标，属于"同一产品"。

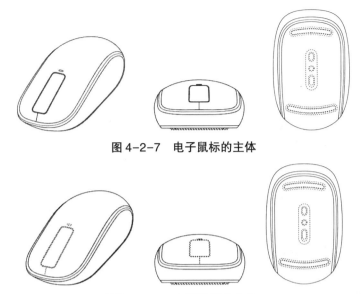

图 4-2-7　电子鼠标的主体

图 4-2-8　电子鼠标的主体

　　需要注意的是，图形用户界面的多项相似局部外观设计也需要判断其载体是否属于同一产品。对于仅提交图形用户界面的视图，并在简要说明中记载其载体为电子设备的，可以认为其载体属于同一产品。

　　如图 4-2-9 和图 4-2-10 所示电子设备操作系统图形用户界面的应用图标，二者的产品名称和简要说明中产品用途的描述表明其载体均为"电子设备"，可认为其属于"同一产品"。

图 4-2-9　电子设备操作系统图形
用户界面的应用图标

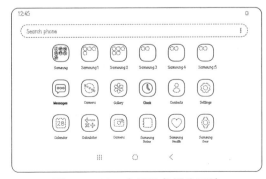

图 4-2-10　电子设备操作系统
图形用户界面的应用图标

如图 4-2-11 所示手机的摩斯密码器图形用户界面的输入模块，图 4-2-12 所示平板电脑的摩斯密码器图形用户界面的输入模块（半透明涂覆以外的部分为要求保护的局部），二者的载体分别为手机和平板电脑，不属于同一产品，不能作为相似局部外观设计合案申请。

图 4-2-11　手机的摩斯密码器图形
用户界面的输入模块（彩图）

图 4-2-12　平板电脑的摩斯密码器图形
用户界面的输入模块（彩图）

综上所述，判断多项局部外观设计是否能够合案申请的首要条件是该多项局部外观设计所附着的产品为同一整体产品。对于涉及图形用户界面的多项局部外观设计来说，其载体也必须是同一产品。申请时仅提交图形用户界面的视图、在简要说明中记载其载体为电子设备的，可以认为其载体属于同一产品。

二、相似性判断

在满足要求保护的局部外观设计为同一产品的前提下，合案申请的两项以上的局部外观设计还应当满足相似性要求。与相似整体外观设计一样，首先需要指定一项设计为合案申请的基本设计；其次，将其他设计分别与基本设计进行单独对比，判断每一项其他设计与基本设计之间的相似性。对于其他设计之间是否属于相似外观设计则不需要进行判断，也就是说其他设计之间相似与否不影响多项设计的合案申请。

局部外观设计的相似性判断标准，适用产品整体外观设计相似性判断的基本标准，并根据局部外观设计的特点进行补充规定。具体体现在《专利审查指南 2023》第一部分第三章第 9.1.2 节 "相似外观设计" 中，于原有的 "通常认为二者属于相似的外观设计" 的四种情形的基础上，增加 "局部外

观设计在整体中位置和/或比例关系的常规变化"这一情形,作为针对局部
外观设计相似性判断的适应性补充。

根据《专利审查指南 2023》的上述规定,对于局部外观设计的相似性
判断,是对基本设计与一项其他设计进行比对,不但要判断要求保护的局部
设计是否相似,还需考虑该局部与其整体之间的位置、比例关系是否为常规
变化。一般来说,下述三种情况均可以认定为属于相似设计:

①局部设计本身相同,局部在整体中的位置、比例关系作常规变化;

②局部设计本身相似,局部在整体中的位置、比例关系相同;

③局部设计本身相似,局部在整体中的位置、比例关系均作常规变化。

申请人可以选择以虚实线或者其他方式在视图中将要求保护的局部和不
要求保护的部分进行区分。以虚实线制图方式表达为例,其实线绘制的部分
界定了要求保护的局部,用于判断该局部的设计本身是否相似,而虚线与实
线结合用于判断该局部在整体产品中的位置、比例关系是否属于常规变化。
下面将结合案例介绍如何判断要求保护的局部外观设计本身是否相似和要求
保护的局部在整体产品中的比例、位置关系是否属于常规变化。

(一) 局部外观设计本身相似性判断

要求保护的局部外观设计本身是否相似,需要以视图中界定的要求保护
的局部为准,其判断标准与判断整体外观设计相似的标准基本一致。这里不
需要考虑其不要求保护的部分。

一般情况下,经整体观察,如果其他设计和基本设计要求保护的局部具
有相同或者相似的设计特征,而二者之间的区别点在于局部细微变化、该类
产品的惯常设计、设计单元重复排列或者仅色彩要素的变化等情形,则通常
认为二者局部外观设计本身相似。

1. 区别点在于局部细微变化

如图 4-2-13 所示包装容器的主体,该两项包装容器的局部外观设计都
是对容器主体形状的创新,主体表面均具有等间距排布的竖条状凹槽设计特
征,仅在外侧面轮廓的弧度和直径上存在不同,该不同属于局部细微变化,
可认为该两项局部设计相似。

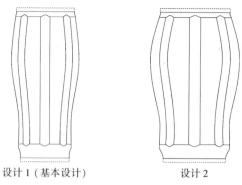

设计1（基本设计）　　　　　　设计2

图 4-2-13　包装容器的主体

2. 区别点在于惯常设计

如图 4-2-14 所示，设计 1 和设计 2 要求保护的是加湿器主体的局部外观设计，二者的区别在于中部的显示屏幕，设计 1 为圆角矩形，设计 2 为矩形，不论圆角矩形还是矩形的显示屏幕，均为该类产品中显示屏的惯常设计，因此可认为其局部设计相似。

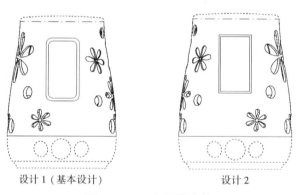

设计1（基本设计）　　　　　　设计2

图 4-2-14　加湿器主体

3. 区别点在于设计单元重复排列

如图 4-2-15 所示开关按键，设计 1 和设计 2 要求保护的局部为带有黄色涂覆的按键区域，设计 1 包含两个按键，设计 2 包含三个按键，二者按键数量的变化属于设计单元的重复排列，可认为其局部设计相似。

96

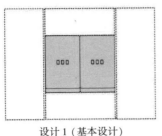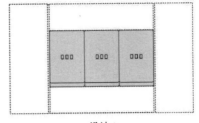

设计 1（基本设计）　　　　　　　　　　　设计 2

图 4-2-15　开关按键（彩图）

4. 区别点在于色彩要素变化

如图 4-2-16 所示鞋面，设计 1 和设计 2 要求保护的局部为灰色涂覆以外的鞋面区域，二者的区别点在于鞋面色彩的不同，可认为其局部设计相似。

设计 1（基本设计）　　　　　　　　　　　设计 2

图 4-2-16　鞋面（彩图）

需要注意的是，在《专利审查指南 2023》中并未对产品的整体外观设计和局部外观设计作为相似设计的情况进行限定，因此在"同一产品"的前提下，仅需判断其整体设计和局部设计是否相似即可。当产品的整体外观设计和局部外观设计具有相同的设计特征时，也可以作为相似外观设计合案申请，但是一般不建议将产品的整体外观设计和局部外观设计作为一件申请提出，以免相似性判断不当，延长获取权利时间。

如图 4-2-17 所示包装袋及其袋体，设计 1 和设计 2 分别为包装袋的整体外观设计和包装袋的局部外观设计，二者区别点仅在于是否包含袋口处的吸嘴，设计 1 包括吸嘴，设计 2 不包括吸嘴，由于吸嘴在包装袋的整体设计中所占比例较小，二者的差异可以视为局部细微变化，因此二者属于相似设计。

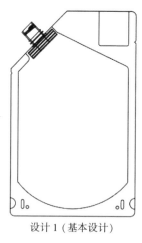 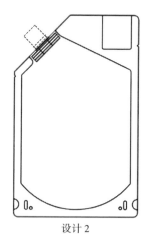

设计1（基本设计）　　　　　　　设计2

图 4-2-17　包装袋及其袋体

如图 4-2-18 所示遥控器及其按键，设计 1 和设计 2 的整体产品相同，设计 1 是遥控器的整体外观设计，设计 2 是遥控器按键部分的局部外观设计。二者的区别点在于是否包括遥控器的外部形状，由于外部形状对视觉会产生显著影响，该区别点就不能认定为局部细微变化，则二者不属于相似设计。

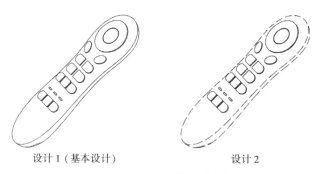

设计1（基本设计）　　　　　　　设计2

图 4-2-18　遥控器及其按键

虽然在判断局部外观设计本身是否相似时，需要对比的是要求保护部分的外观设计的相似性，而无须判断不要求保护部分的外观设计的相似性，但是不同设计的整体产品对相似性的判断具有一定的迷惑性。如图 4-2-19 所示可视对讲机的功能区，三项可视对讲机的外观设计均要求保护点划线圈出的功能区部分，其要求保护的局部设计的载体均为可视对讲机，属于"同一产品"。以设计 1 为基本设计，虽然设计 1 和设计 2 虚线部分的具体设计差异明显，但是实线部分表达的要求保护的部分，其差异仅为喇叭的形状，而圆形和圆角矩形的喇叭形状均属于该类产品的惯常设计，其设计特征相似，因此设计1与设计2可以作为相似设计合案申请。而设计1与设计3尽管虚线部分的设计相同，但是实线表达的要求保护的部分的设计特征差异较大，虽然从可视对讲机的整体来看，其要求保护的部分在整体中的占比较小，但仍不能认定设计1与设计3为相似设计。因此，在使用局部相似外观设计提交专利申请时，建议使用整体产品相同的外观设计，在视图中保持虚线部分的一致。这样也可以避免采用设计不同的整体产品可能带来的要求保护的局部在整体之间的位置或者比例关系的变化，从而导致多项局部外观设计不相似而不能合案申请的情形。

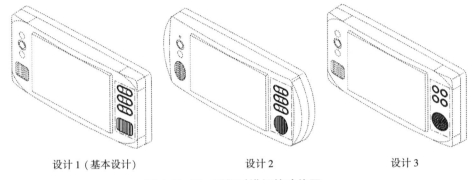

设计1（基本设计）　　　　　　设计2　　　　　　　设计3

图4-2-19　可视对讲机的功能区

（二）局部在整体产品中的位置、比例关系判断

在局部外观设计本身相似的基础上，还需要进一步判断要求保护的局部与其所在整体之间的关系。视图中表达的整体产品用于确定该局部在整体产品中的位置、比例关系，一般来说，可以合案申请的局部外观设计中要求保护的局部在整体中的位置、比例应当相同或者其变化属于该外观设计产品所属领域的常规变化。这里所述的"常规变化"是限定在所属领域内，是基于一般消费者的知识水平和认知能力来进行判断的。下述以案例的方式说明局部在整体产品中的位置、比例关系的变化。

1. 局部在整体产品中位置关系的变化

如图4-2-20所示播放器的控制键，设计1和设计2要求保护的播放器控制键的形状相同，但是在整体产品中的位置不同，而按键的位置在播放器面板的上下左右移动，属于本领域内常规变化，故二者属于相似局部外观设计。

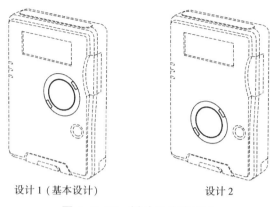

设计1（基本设计）　　　　　　设计2

图 4-2-20　播放器的控制键

2. 局部在整体产品中比例关系的变化

如图 4-2-21 所示，设计 1 和设计 2 要求保护的局部均为鼠标的指纹认证结构。该结构均为并排的条状设计，表面形状和图案存在细微区别，而二者的纵向长度变化使其在整体中的比例也发生改变，而纵向拉伸该结构属于此类产品所属领域的常规变化，故二者属于相似局部外观设计。

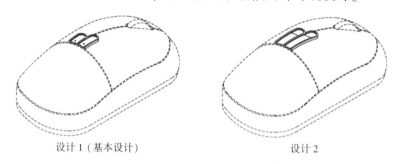

设计1（基本设计）　　　　　　　　　　设计2

图 4-2-21　鼠标的指纹认证结构

需要注意的是，对于局部外观设计中的其他设计和基本设计之间存在位置或/和比例关系常规变化的情况，即使二者要求保护的局部的设计本身相同，通常也认为二者属于相似局部外观设计。如果局部外观设计本身设计相同，且在整体中的位置和比例也相同，即使不要求保护部分的设计特征不同，也认为是相同的外观设计。

如图 4-2-22 所示，设计 1 和设计 2 要求保护的是相机镜头的局部外观设计，要求保护的相机镜头的形状相同。但相机镜头在相机机身中的位置和比例有所不同，相机镜头位置居中还是位于一隅以及其整体等比例的放大和

缩小属于本领域内的常规变化，则二者属于相似局部外观设计，而非相同局部外观设计。

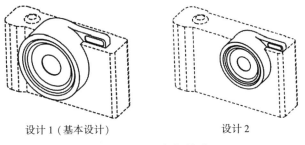

设计 1（基本设计）　　　　　　　　　设计 2

图 4-2-22　相机镜头

如图 4-2-23 所示，设计 1、设计 2 要求保护的局部为球袋拉链。二者拉链部分的设计相同，不同点在于虚线绘制的球袋形状。由于虚线部分仅用于确定局部在整体产品中的位置、比例关系，而设计 1、设计 2 要求保护的拉链部分的设计相同，且在整体中的位置和比例也相同，所以二者为相同的外观设计，不能作为相似设计合案申请。

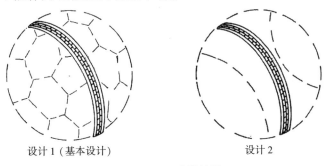

设计 1（基本设计）　　　　　　　　　设计 2

图 4-2-23　球袋拉链

第三节　局部外观设计的分案申请

一件外观设计专利申请中包含两项以上局部外观设计时，为了更充分地保护设计创新，申请人可以主动或者应审查员要求将其中一项或几项外观设计从原申请中分出，作为一项新的外观设计专利申请提出，这就是分案申请。分案申请用于解决专利申请不符合单一性的问题，对于产品整体外观设计和局部外观设计同样适用。

一、分案申请的时机与类型

在第四次修改的《专利法》引入局部外观设计的保护制度后，《专利法实施细则》第 48 条（原细则第 42 条）对于分案申请的规定并未进行修改，《专利审查指南 2023》也延续了对整体外观设计分案申请的思路，保持对分案申请的原则性要求不变。局部外观设计的分案时机和类型的规定均与整体外观设计一致，申请人最迟应当在收到专利局对原申请作出授予专利权通知书之日起两个月期限届满之前提出分案申请。分案申请不得改变原申请的类别，即原申请为外观设计专利申请的，分案只能是外观设计专利申请。

二、局部外观设计分案申请的要求

根据《专利法实施细则》第 48 条第 1 款规定，"一件专利申请包括两项以上发明、实用新型或者外观设计的，申请人可以在本细则第六十条第一款规定的期限届满前，向国务院专利行政部门提出分案申请"，分案申请针对的只能是包含两项以上外观设计的专利申请。一件专利申请是否包含两项以上外观设计，应当按照申请文件记载的内容来认定。申请文件表达的是要求保护的内容，无论是局部还是整体，均为一种权利诉求，整体是整体的诉求，局部是局部的诉求，若外观设计图片或者照片中显示的是多项设计，其权利诉求则包括多项设计，比如多项局部设计或者一项整体设计和一项局部设计，则该申请视为由多项设计组成；若外观设计图片或者照片中显示的是一项整体设计，其权利诉求仅为整体的一项设计，虽然可以拆分为多个零部件设计或者分割为多项局部设计，仍不能将整体产品的设计视为多项设计。因此，只有在图片或者照片中显示出两项以上外观设计时，才能对其进行分案申请。如果一件专利申请中仅表达了一项整体产品外观设计或者一项局部外观设计，则不符合分案申请的提出要求，即不允许将一项外观设计中的一部分进行分案。

为此，《专利审查指南 2023》第一部分第三章第 9.4.2 节"分案申请的其他要求"的内容进行了适应性修订。在保持第（1）项关于分案申请的原则性要求不变的基础上，对第（2）项进行补充。在其"原申请为整体外观设计的，不允许将其中的一部分作为分案申请提出"的规定中，进一步明确局部外观设计也和零部件一样不能作为整体外观设计的分案提出，例如当一件专利申请要求保护的是摩托车的外观设计时，申请人不能就摩托车的零部件或者局部的外观设计提出分案申请。同时，新增第（3）项关于原申请为产品的局部外观设计的规定，"原申请为产品的局部外观设计的，不允许将其整体或者其他局部的设计作为分案申请提出"。该规定表明对于一项局部外观设计，虽然原申请的图片或者照片中会显示出该局部外观设计所在的整体外观设计或者其他局部的外观设计，但是申请人不能将其整体外观设计或者其他局部的外观设计作为分案申请提出。这里的"其他局部"指的是与原申请不同的部位，既不能是不要求保护部分的局部，也不能是原申请要求保护部分的局部。

根据上述规定，将不能分案的情形归纳如下：

(一) 不能将整体外观设计中的局部外观设计提出分案申请

原申请为图 4-3-1 所示的遥控器，是遥控器的整体外观设计。如图 4-3-2 所示的遥控器的按键，要求保护的是遥控器的局部设计。原申请为遥控器的整体外观设计，不能将其按键部分作为分案申请提出。

图 4-3-1　遥控器 (原申请)　　　图 4-3-2　遥控器的按键 (分案申请)

(二) 不能将局部外观设计中的整体外观设计提出分案申请

原申请为图 4-3-3 所示的遥控器的按键，要求保护的是遥控器按键的局部外观设计。如图 4-3-4 所示的遥控器为整体产品的外观设计。原申请为遥控器按键的局部外观设计，不能将视图中虚实线共同绘制的整体产品外观设计作为分案申请提出。

图 4-3-3　遥控器的按键 (原申请)　　　图 4-3-4　遥控器 (分案申请)

（三）不能将局部外观设计中其他局部提出分案申请

　　原申请为图 4-3-5 所示遥控器的按键，要求保护的内容为遥控器中的部分按键，虽然原申请中显示了该遥控器的作为不要求保护的其他按键，但是不能将其他按键部分的外观设计（例如图 4-3-6 所示的遥控器的按键）作为分案申请提出。

图 4-3-5　遥控器的按键（原申请）　　　　图 4-3-6　遥控器的按键（分案申请）

　　原申请为图 4-3-7 所示遥控器的按键，要求保护的内容为遥控器中的全部按键，不能将要求保护的按键中的一部分按键的外观设计（例如图 4-3-8 所示的按键）作为分案申请提出。

图 4-3-7　遥控器的按键（原申请）　　　　4-3-8　遥控器的按键（分案申请）

　　原申请为图 4-3-9 所示电子设备的桌面图形用户界面，要求保护的是电子设备的整体界面的设计，视图中包含了若干操作图标。该整体界面属于局部设计，不能将其中的某一操作图标（例如图 4-3-10 所示的电子设备的桌面图形用户界面的相机图标）作为分案申请提出。

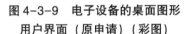

图 4-3-9　电子设备的桌面图形
用户界面（原申请）（彩图）

图 4-3-10　电子设备的桌面图形
用户界面的相机图标（分案申请）（彩图）

　　以上三种情形的本质都属于以一项外观设计为基础提出分案，故其分案均不予接受。但是这并不意味着申请人在提交申请后就没有了再次选择调整保护范围的机会。申请人可以在主动补正期内对申请文件进行主动修改，也可以利用本国优先权制度提交在后申请以重新划定保护范围，优化申请策略。

第五章 局部外观设计专利

优先权

优先权制度源自 1883 年签订的《保护工业产权巴黎公约》（以下简称《巴黎公约》），根据其第 4 条规定，申请人在某缔约国第一次提出申请后，可以在一定期限内就同一主题向其他缔约国申请保护，其在后申请视为在第一次申请的申请日提出。在上述期限内，首次申请中外观设计的公开、销售和使用等行为均不会破坏在后申请的新颖性。专利申请人依法享有的这种权利，就是优先权，上述的第一次提出申请的日期称为优先权日。

　　《巴黎公约》的优先权制度主要是针对创新主体在不同国家递交申请的需求而设立的，主要考虑的是外国申请人的利益。随着工业产权制度的发展，优先权制度的思想以不同形式进入各国的专利制度中，以便本国申请人也能够享有与外国申请人同样的甚至是更优的利益，例如美国的继续申请制度。我国也在《专利法》第四次修改时建立了针对外观设计本国申请的优先权制度。为了区分，我们将以在外国提出的首次申请为基础的优先权，称作"外国优先权"；将以在本国提出的首次申请为基础的优先权，称作"本国优先权"。

　　我国《专利法》第 29 条是关于优先权的总体规定，其中第 1 款规定了外国优先权，即"申请人自发明或者实用新型在外国第一次提出专利申请之日起十二个月内，或者自外观设计在外国第一次提出专利申请之日起六个月内，又在中国就相同主题提出专利申请的，依照该外国同中国签订的协议或者共同参加的国际条约，或者依照相互承认优先权的原则，可以享有优先权"。第 2 款则规定了本国优先权，即"申请人自发明或者实用新型在中国第一次提出专利申请之日起十二个月内，或者自外观设计在中国第一次提出专利申请之日起六个月内，又向国务院专利行政部门就相同主题提出专利申请的，可以享有优先权"。

　　产品整体外观设计和局部外观设计的优先权均遵循此规定。

第一节　局部外观设计的外国优先权

外国优先权制度的确立，使绝大多数采用先申请制国家的申请人，在完成其外观设计并在本国提交申请后，不需要同时再向其他国家提出申请，而是获得了一定时长的缓冲期，在此期间申请人可以抉择最终想要获取哪些国家的保护，并针对这些国家的申请条件采取相应措施。

局部外观设计的外国优先权，与整体外观设计的外国优先权在条件、程序方面是完全相同的，在内容方面也都要求属于"相同主题"。但由于局部外观设计涉及要求保护的部分与其他部分，因而在"相同主题"的认定方面更复杂。以下将详细介绍局部外观设计的外国优先权，以便申请人能够更好地利用该制度进行专利申请。

一、要求外国优先权的条件

要享有外国优先权，需要满足一定的条件。

（一）受理在先申请的国家或组织

《巴黎公约》确立外国优先权的出发点是为了使本国公民获得公平的向他国申请专利的机会，而给予他国申请人相应的权利让渡，这就要求缔约国相互之间给予对方国民以一定期间的优先权，以此来确保本国申请人在外国的权益❶。可以说，外国优先权的本质就是国家层面的利益交换，比如申请人若想在中国享有外国优先权，则对应国家也应当承认中国申请人的外国优先权。因此，《专利法》第 29 条第 1 款规定，要求外国优先权的申请主体第一次提出申请的所在国需要与中国签订协议或共同参加国际条约，或者互相承认优先权。由于到目前为止，我国还未就优先权事宜与《巴黎公约》成员国之外的任何其他国家签订专门的双边协议，也没有按照互惠原则承认来自非《巴黎公约》成员国的申请人的优先权要求❷，因此作为要求优先权基础的在先申请应当在《巴黎公约》成员国内提出，或是对该成员国有效的地区申请或者国际申请。

---

❶ 杜国顺. 中国专利优先权制度研究 ［D］. 北京：中国社会科学院，2016.
❷ 尹新天. 中国专利法详解 ［M］. 北京：知识产权出版社，2011.

（二）优先权期限

我国《专利法》关于优先权的具体期限适用于《巴黎公约》的相关规定，即外观设计需要在外国第一次提出专利申请之日起六个月内，在我国再次提出申请才会被接受；若超出期限，则无法享有外国优先权。其中，在后申请享有的优先权日是指在国外第一次提出申请的当日，这也是六个月期限的起算日。起算日加上六个月即为期限的届满日，由于优先权期限以"月"计算，以最后一月的相应日为届满日，若该月无相应日，以该月最后一日为期限届满日。例如，某在先申请在国外的申请日为2022年3月31日，由于六个月后的9月没有31日，其优先权期限的届满日为2022年9月30日。若期限届满日是法定休假日或者移用周休息日，以法定休假日或者移用周休息日后的第一个工作日为期限届满日。该第一个工作日为周休息日的，期限届满日顺延至星期一。例如，某在先申请的外观设计优先权期限届满日为2024年2月15日，由于2024年2月15日为我国的春节假期，假期后的第一个工作日为2024年2月18日，该日为周休息日，该在先申请的外观设计优先权期限届满日应顺延至2024年2月19日。这里需要注意，一旦确定首次申请的申请日，无论该申请在外国的审批结果如何，其均可以作为要求外国优先权的基础。比如，首次申请在外国因不符合该国相关规定而最终被驳回，但是其在后申请只要符合六个月期限规定，仍可以要求该首次申请的优先权。

对于要求多项优先权的，以最早的在先申请的申请日为时间判断基准，即要求优先权的在后申请是在最早的在先申请的申请日起六个月内提出的。

（三）在先申请的类型

《巴黎公约》中第4条（E）规定："①以一项实用新型申请为优先权基础，向一个成员国提出外观设计申请时，其优先权期限与以一项外观设计申请为优先权基础时的优先权期限相同；②可以以一项专利申请❶为优先权基础在一个成员国提出实用新型申请，反之亦然。"该条款中第①项指出了实用新型申请可以作为外观设计优先权的基础，而第②项则规定了实用新型和发明专利可以互为优先权基础，对于"发明专利能否作为外观设计专利优先权的基础"并未作出明确规定。

在《专利法》第四次修改前，虽然我国的《专利法》及其实施细则以及

---

❶ 即我国所称发明专利申请。

专利审查指南中对于能作为外观设计优先权基础的在先申请类型并未进行明确规定，但在实践中，如果发明专利申请中具有足够的视图能够将外观设计充分公开，那么当在先申请的类型为发明专利申请时，可以作为在后外观设计申请的外国优先权基础。这与优先权的设立初衷相吻合，即给予申请人一定时长的缓冲期，在此期间申请人可以抉择最终要在哪些国家进行保护，及选取哪种形式的工业产权进行保护。因为发明专利与外观设计专利存在内容交叉现象，对于附图中带有产品视图的发明专利，当其在外国提出发明专利申请后又在我国提出外观设计专利申请，若不能享有优先权，发明专利申请视图显示的内容无论以何种方式公开均会成为外观设计的现有设计。其他国家和地区如美国、日本、韩国等也接受将发明专利申请作为外观设计的优先权基础。❶

2024 年 1 月 20 日实施的《专利审查指南 2023》第一部分第三章第 5.2.1.1 节中明确规定，"要求外国优先权的，在先申请应当是发明、实用新型与外观设计专利申请"。因此，外国优先权的在先申请类型可以是发明专利申请、实用新型专利申请或者外观设计专利申请。

(四) 首次申请与相同主题

能够享有优先权的在先申请必须是首次申请。

根据《专利法》第 29 条第 1 款的规定，在外国第一次提出的申请与之后在中国提出的外观设计专利申请应当属于相同主题。其中，在外国第一次提出申请的主题是指发明或者实用新型专利申请附图显示的主题，或者外观设计申请的主题。由于相同主题的认定内容较为复杂，本节 "三、相同主题的认定" 将对其进行具体论述。

二、与外国优先权要求相关的程序

涉及外国优先权要求的程序有以下几类。

(一) 外国优先权要求的基本程序

申请人若想享有外国优先权，首先，需要在提出专利申请时在请求书中进行声明，写明作为优先权基础的在先申请的申请日、申请号和原受理机构名称。其次，申请人需要在提出在后申请之日起 3 个月内提交在先申请文件的副本，在先申请文件的副本应当由在先申请的原受理机构出具，副本中应

---

❶ 王美芳. 发明专利申请可否作为外观设计的优先权基础 [J]. 中国发明与专利, 2012 (7)：6.

当至少表明原受理机构、申请人、申请日与申请号。其中，在先申请文件副本中记载的申请人还应当与在后申请的申请人一致，或是在先申请文件副本中记载的申请人之一。若申请人发生变更，则应当在提出在后申请之日起3个月内提交由在先申请的全体申请人签字或盖章的优先权转让证明文件。最后，申请人应当在缴纳申请费的同时缴纳优先权要求费，如果申请人撤回优先权要求或者该优先权要求最后被视为未要求优先权，已缴纳的优先权要求费均不予退回。

(二) 外国优先权要求的撤回程序

申请人在要求优先权之后，可以通过提交全体申请人签字或盖章的撤回优先权声明对优先权要求进行撤回。若申请人要求了多项优先权，可以撤回全部优先权要求，也可以仅撤回其中的部分优先权要求。

(三) 外国优先权要求的恢复程序

当申请人在提出外国优先权要求的过程中出现了差错，导致优先权不成立，可以通过后续的救济途径进行弥补，即可以要求恢复优先权。当申请人遇到以下几种情形时，可以在收到专利局发出的"视为未要求优先权通知书"之日起两个月内提交"恢复权利请求书"，说明理由并同时缴纳恢复权利请求费。具体情形为：①由于未在指定期限内答复办理手续补正通知书导致视为未要求优先权的；②要求优先权声明中至少一项内容填写正确，但未在规定的期限内提交在先申请文件副本或者优先权转让证明；③要求优先权声明中至少一项内容填写正确，但未在规定期限内缴纳或者缴足优先权要求费；④分案申请的原申请要求了优先权。

当然，并非所有视为未要求优先权的情形都可以恢复，例如在提出专利申请的同时未在请求书中提出要求优先权的声明，或者在后申请未能在在先申请日后六个月内提出，则无法通过恢复程序进行弥补。

三、相同主题的认定

享有外国优先权需要满足一系列条件，其中"在后申请与在先申请属于相同主题"是其中的核心要件。

(一) 何为"相同主题"

《巴黎公约》仅对发明专利的相同主题判断原则进行了规定，并未规定外观设计相同主题判断原则。❶ 实践中，根据各国对"优先权"制度的不同理解，衍生出了两种关于"相同主题"的观点。

一种观点认为，"优先权"制度是对在先权利给予的优先，而在先权利是由其要求保护的权利范围决定的。例如，在先申请为局部外观设计，其中不保护的部分通过虚线进行表示，那么当在后申请将虚线转化为实线时，产品各部分的设计虽然已经在在先申请得到了充分的公开，然而由于保护范围发生了变化，超出了在先权利所限定的范围，因此在后申请是无法享有优先权的。所以，此种观点对于"相同主题"的理解是，只有当在先申请与在后申请的保护范围一致时，在后申请才可以享有优先权。

另一种观点认为，"优先权"制度是对在先完成的设计给予优先的权利，具体的权利范围由在后申请确定，其中在先申请仅用于证明外观设计的内容于在先申请日时已经完成。例如，当在先申请为局部外观设计，其中不保护的部分通过虚线表示，那么当在后申请将虚线转化为实线，即将局部外观设计转化为整体外观设计时，虽然保护范围不同，但设计内容在在先申请中已经清楚地记载，故可以认定该设计内容在在先申请的申请日时已经完成，而后续关于保护范围的确定是申请人自己的选择，在后申请自然可以享有优先权。因此，采用此种观点在对在先申请与在后申请是否属于相同主题进行判断时，只需判断在后申请在在先申请中是否已经清楚地记载，即在后申请是否清晰、完整地显示在在先申请中，若为肯定答案，那么在后申请可以享有优先权，这一判断原则简称为"清楚记载"原则。

（二）我国关于相同主题的判断标准

《专利审查指南2023》第四部分第五章第9.2节关于外观设计相同主题的认定规定是："外观设计相同主题的认定应当根据在后申请的外观设计与其首次申请中表示的内容进行判断。属于相同主题的外观设计应当同时满足以下两个条件：（1）属于相同产品的外观设计；（2）在后申请要求保护的外观设计清楚地表示在其首次申请中。"

从上述判断标准可以看出，我国对于优先权相同主题采用第二种观点。而之所以设立这样的判断标准，主要是考虑了优先权制度的设立宗旨与互惠原则，同时考虑到发明和实用新型对于优先权相同主题的要求均为"在先申

---

❶ 《巴黎公约》第四条（H）规定："不得以要求优先权的发明的某些因素没有出现在原始申请的权利要求书中而拒绝优先权要求，只要该原始申请作为一个整体清楚地披露了这些因素即可。"

请是否记载了同一主题的首次申请"，为保持三种专利的判断标准一致，因此将外观设计优先权相同主题的条件规定为"在后申请要求保护的外观设计清楚地表示在其首次申请中"。这样的判断标准对于申请人来说是较为宽松的，即当在后申请的设计内容在在先申请中有记载时，在后申请一般都可以享有优先权。

1. 相同产品的外观设计

"属于相同产品的外观设计"是在后申请与在先申请构成"相同主题"的条件之一。

判断在后申请与在先申请是否属于相同产品的外观设计，主要依据的是请求书中的产品名称。尽管各国对外观设计产品名称的撰写要求不尽相同，但都要求产品名称与视图中表示的外观设计一致，有了这个共同点，我们就可以利用外观设计的产品名称来确定在后申请与在先申请是否属于相同产品的外观设计。如果在我国提交的在后申请的产品名称与在先申请的产品名称不一致，使得产品的用途发生改变，例如，在先申请是花布，而在后申请是壁纸，则二者不属于相同产品的外观设计，即使视图显示的图案完全相同，也会因产品不同而认定二者不属于"相同主题"。

各国对于局部外观设计申请的产品名称的要求差别更大，有的规定只能填写整体产品的名称，有的要求必须写明要求保护的局部的名称。在这种情况下，在先申请或者在后申请涉及局部外观设计的，在判断二者是否属于相同产品的外观设计时，除了产品名称，还需要结合视图进行。只要二者产品名称中包含有相同的产品，或者视图明确显示为相同的产品，通常可以认为属于"相同产品"。例如，在先申请的产品名称为"沙发"，在后申请的产品名称为"沙发的扶手"，二者均为针对沙发或者沙发的一部分作出的外观设计，属于相同产品的外观设计。

2. 在后申请要求保护的外观设计清楚地表示在其首次申请中

"在后申请要求保护的外观设计清楚地表示在其首次申请中"是在后申请与在先申请构成"相同主题"的另一重要条件。这一条件在为适应新专利法而修订的《专利审查指南 2023》中没有作出修改。

在《专利法》第四次修改之前，在我国提出的在后申请均为整体外观设计申请，其"要求保护的外观设计"通常与其视图显示的外观设计是一致的，因此这一条件表述为"在后申请要求保护的外观设计清楚地表示在其首次申请中"是比较准确的。但是，我国建立局部外观设计保护制度以后，如果在后申请为局部外观设计专利申请，其"要求保护的外观设计"与视图显示的外观设计就会不同，视图中除了要求保护的部分，还包含不要求保护的部分。此时若按照字面含义来理解外观设计优先权相同主题的这一条件——只要在后申请要求保护的部分清楚地显示在首次申请中，即使在后申请中还包含了其他设计内容，只要其不属于要求保护的部分，就能够享有优先权——就会违背优先权制度的本意。因为，如果在后申请要求保护的部分清楚表示在在先申请中，而不要求保护的部分却没有表示在在先申请中，此时若依据上述条件的字面含义允许在后申请享有优先权，就意味着在后申请中不要求保护的部分同样能享有优先权日，却没有证据能够证明这部分设计内容在优先权日已经完成。因此，对于在后申请为局部外观设计的情形，"在后申请要求保护的外观设计清楚地表示在其首次申请中"的条件应当理解为"在后申请视图显示的外观设计清楚地表示在其首次申请中"。实际上，即使在后申请为整体外观设计专利申请，仍有可能出现类似的情况。比如，在后申请的视图中增加了"使用状态参考图"，该参考图包含了在先申请视图中没有表达的设计内容，由于使用状态参考图仅用来表达使用场所、使用方法等，通常不用来确定外观设计的保护范围，其要求保护的外观设计已经清楚地显示在在先申请中，但增加了使用状态参考图的在后申请仍然不能享有优先权。

当在后申请与在先申请属于相同产品的外观设计时，如果在后申请与在先申请的视图内容完全一致，显然符合"清楚记载"的原则，在后申请与在先申请属于相同主题，在此无须赘述。实践中，由于各国对外观设计视图的要求不同，申请人在不同国家的保护策略不同，导致在先申请与在后申请在视图的内容和形式方面都可能不同。当在后申请与在先申请所提交的视图内容相比发生改变时，如何对二者是否属于相同主题进行判断呢？答案仍然是"清楚记载"原则。

在后申请与在先申请在视图内容和形式方面的不同，可能涉及整体产品外观设计与局部外观设计的变化，也可能涉及视图制作形式的变化，还可能源于各国对于图形用户界面外观设计申请的不同要求。同时，由于我国要求外观设计专利申请必须提交"外观设计简要说明"文件，而其他国家没有类似的规定，这也可能影响优先权"相同主题"的认定。下面，我们通过具体的案例探讨我国对于相同主题的判断如何适用"清楚记载"原则。

（1）涉及整体外观设计、局部外观设计的变化

申请人在我国可以提交整体外观设计专利申请或者局部外观设计专利申请，其在先申请有可能是整体外观设计申请或者局部外观设计申请，还有可能出现整体产品与零部件之间的变化等情形，对可能出现的情况，我们逐一分析其是否属于相同主题。

①在后申请是局部外观设计，在先申请是其产品整体外观设计。这种情况指的是在先申请是产品的整体外观设计，在后申请将在先申请中产品的局部作为要求保护的内容。如图 5-1-1 所示，在先申请为照相机的产品整体外观设计，在后申请是将该照相机的镜头部位作为局部外观设计提出申请。在后申请与在先申请的视图均表示出了照相机的外观设计，在后申请要求保护的镜头部分的外观设计清楚地表示在在先申请中（为简化表述，案例仅使用最能体现要点的一幅图，未列出在先申请与在后申请的其他视图，下同），因此在后申请与在先申请属于相同主题。

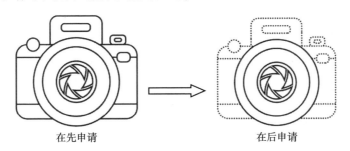

在先申请　　　　　　　　在后申请

图 5-1-1　照相机与照相机镜头

在这种在先申请是产品整体外观设计、在后申请要求保护其中的局部外观设计的情况下，按照"清楚记载"的判断原则，如果在后申请要求保护的局部外观设计在在先申请的视图中已经被清楚地记载，在后申请与在先申请属于相同主题。

②在后申请是产品整体外观设计，在先申请是局部外观设计。这种情形与前述情形①相反，在先申请是局部外观设计，视图中使用虚线表示不要求保护的部分，而在后申请是将视图中的虚线全部改为实线的产品整体外观设计。在我国建立局部外观设计保护制度以前，这种情形在要求外国优先权的申请中比较常见。如图 5-1-2 所示，在先申请要求保护的是实线表示的照相机镜头的局部外观设计，而在后申请为照相机的产品整体外观设计。在后申请与在先申请均表示出了照相机的外观设计，在后申请要求保护的照相机的整体外观设计以虚线和实线相结合的方式表示在在先申请中，因此在后申

请与在先申请属于相同主题。

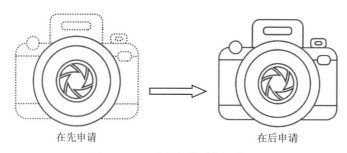

图 5-1-2　照相机镜头与照相机

在这种在先申请是局部外观设计、在后申请是其产品整体外观设计的情况下，按照"清楚记载"的判断原则，虽然在先申请中不要求保护的部分采用虚线绘制，不属于外观设计专利权的保护范围，但虚线同样表达出了产品的具体设计，只是在线条形式上有区别，整体外观设计已经在视图中得到清楚记载。如果在后申请要求保护的整体外观设计清楚地显示在在先申请中，在后申请与在先申请属于相同主题。

③在后申请为零部件的整体外观设计，在先申请为要求保护零部件的局部外观设计。这种情形指的是在先申请为局部外观设计，要求保护的局部是产品的零部件，在后申请为在先申请要求保护的零部件的整体外观设计，从视图上看，在后申请是将在先申请中的虚线删除得到的。如图 5-1-3 所示，在先申请为一项局部外观设计，要求保护的局部为照相机的镜头，照相机的其他部分以虚线绘制，在后申请是将虚线删除后的该照相机的一个配件——镜头的整体外观设计。

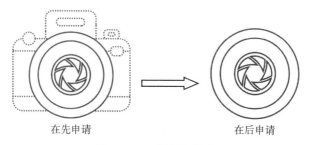

图 5-1-3　照相机镜头

表面上看，按照"清楚记载"的判断原则，如果在后申请的镜头的外观设计已经清楚地记载在在先申请中，在后申请与在先申请属于相同主题，在满足优先权的其他条件的情况下可以享有优先权。但是，在实践中，在先申请作为一项局部外观设计，其视图通常仅会表达要求保护的局部在整体产品中的状态，而要求保护的局部在整体产品中往往会有遮挡，如照相机镜头的后部以及其与相机连接的卡槽等部位在在先申请的视图中是不可见的；在后申请作为一个零部件的整体外观设计，必须清楚表达该零部件的完整设计，则常常需要增加在先申请中被遮挡部位的视图，而增加视图的内容通常未表示在在先申请中。因此，这种情形在实践中通常会因为增加了视图内容而导致在后申请与在先申请不属于相同主题，从而不能享有优先权。如果为了享有优先权而不增加视图内容，则通常会因为没有清楚地显示要求保护的外观设计而不能授予外观设计专利权。

④在后申请为要求保护零部件的局部外观设计，在先申请为零部件的整体外观设计。与前述情形③相反，在先申请为零部件的整体产品外观设计，在后申请为要求保护零部件的局部外观设计，用虚线绘制了零部件所在的整体产品的设计。如图 5-1-4 所示，在先申请为照相机镜头的整体外观设计，在后申请为局部外观设计，要求保护的局部为照相机的镜头，照相机的其他部分以虚线绘制。虽然在后申请要求保护的局部的设计已经清楚地表示在在先申请中，但在后申请的虚线表示的设计在在先申请中没有记载，在后申请与在先申请不属于相同主题。

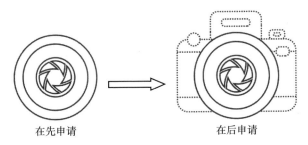

在先申请　　　　　　　　　　在后申请

图 5-1-4　照相机镜头

⑤在后申请和在先申请分别为同一产品不同局部的外观设计专利申请。这种情况指的是在先申请与在后申请的视图表示了同一产品的外观设计，但二者要求保护的是该产品中不同的局部。如图 5-1-5 所示，在先申请表示了照相机的外观设计，要求保护其中用实线绘制的镜头部分；在后申请表示了相同的照相机的外观设计，要求保护的是除镜头之外的其他部分。按照"清楚记载"的判断原则，在后申请要求保护的外观设计内容已经清楚地显示在在先申请中，二者属于相同主题。

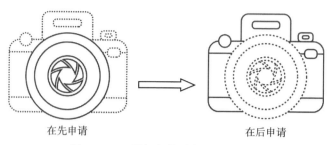

图 5-1-5　照相机镜头与照相机主体

　　⑥在后申请与在先申请要求保护相同的局部，但其余设计不同。这种情况指的是在先申请和在后申请都是局部外观设计，二者要求保护的局部外观设计相同，但不要求保护的其他部分的设计不同。如图 5-1-6 所示，在先申请和在后申请都是要求保护照相机镜头部位的局部外观设计，二者采用实线绘制的要求保护的部位是完全相同的，但是二者用虚线绘制的不要求保护的部位的形状存在差异。按照"清楚记载"的判断原则，在后申请中照相机机身部位的外观设计显然并未记载在在先申请的视图中，也就是说在后申请的外观设计内容未能清楚地显示在在先申请中，即使该设计内容位于不要求保护的部位，也不能认定二者属于相同主题。

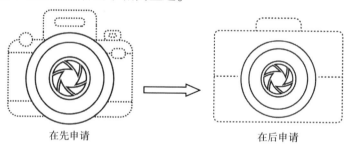

图 5-1-6　照相机镜头

　　从上述六种情形可以看出，在判断在后申请与在先申请是否属于相同主题时，比较的是在后申请与在先申请视图中表示的外观设计，与设计的表达方式没有直接关系，不论视图的线条是虚线还是实线，只要表示的外观设计相同，就可以认定为属于相同主题。换言之，外观设计专利申请要求保护的范围不会影响优先权相同主题的判断。

　　（2）涉及视图形式的变化

　　由于各国对于外观设计视图的要求各有不同，符合一国要求的外观设计视图未必符合另一国的要求。申请人向他国提出在后申请时，首先要满足该国对于外观设计视图的要求，这就可能导致在后申请与在先申请在视图的形式、设计的表达方式等方面存在差异。当然，申请人也有可能出于其他的目的改变在后申请的视图。比较常见的涉及视图形式的变化有三种，下面分别举例说明。

①关于辅助线条。为清楚表达要求保护的外观设计，有的国家允许在视图中采用过渡线、阴影线、点状阴影等，我们将这类线条称为辅助线条。各国对于辅助线条的规定各不相同。我国不允许在正投影视图中使用辅助线条，即不得以阴影线、过渡线等线条表达外观设计的形状，不得有不必要的线条或标记，如中心线、尺寸线。因此申请人在我国提交在后申请时，需要将不必要的辅助线条删除。如图 5-1-7 所示的转运机器人，左边为在外国提交的在先申请，右边为在我国提交的在后申请。按照"清楚记载"的判断原则，在后申请的视图删除了在先申请视图中的阴影线，没有改变在先申请视图中的设计，在后申请表示的外观设计已经清楚地显示在在先申请中，因此二者属于相同主题。

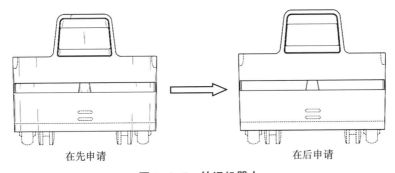

在先申请　　　　　　　　　　　　　在后申请

图 5-1-7　转运机器人

②关于视图的增减。申请人在提交在后申请时，可能因为重新拍摄产品视图、选择不同的保护侧重点而使得提交的在后申请与在先申请中产品的正投影视图和立体图以及变化状态图等视图的种类、数量或者选取的角度不同。这种视图的不同是否会影响在后申请享有优先权，下面通过两个案例进行说明。

【案例1】图 5-1-8 与图 5-1-9 所示分别为同一个锅的把手在先申请与在后申请的视图，其中在先申请只提交了产品的六面正投影视图，由于我国规定"要求保护的局部包含立体形状的，提交的视图中应当包括能清楚显示该局部的立体图"，在我国的在后申请增加了立体图。由于在后申请中增加的立体图所表示的内容已经清楚地显示在在先申请中，符合"清楚记载"原则，在后申请与在先申请属于相同主题。

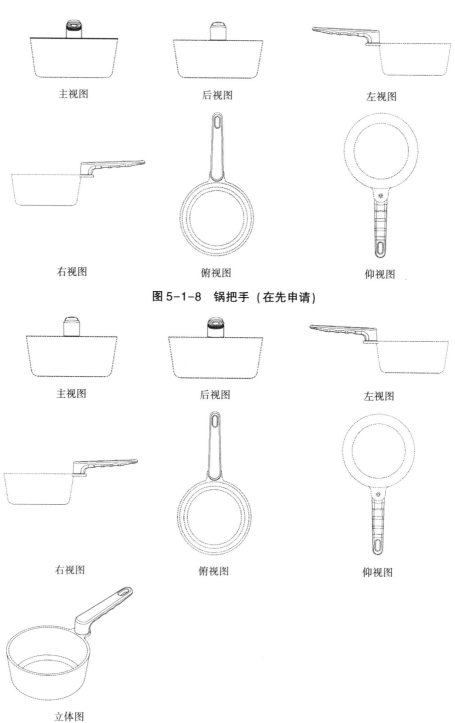

主视图　　　　　　　　后视图　　　　　　　　左视图

右视图　　　　　　　　俯视图　　　　　　　　仰视图

图 5-1-8　锅把手（在先申请）

主视图　　　　　　　　后视图　　　　　　　　左视图

右视图　　　　　　　　俯视图　　　　　　　　仰视图

立体图

图 5-1-9　锅把手（在后申请）

【**案例2**】图 5-1-10 与图 5-1-11 所示分别为同一个壶体的在先申请和在后申请的视图，其中在后申请相较在先申请增加了剖视图。该剖视图表达了产品内部的结构，而这种内部结构在在先申请视图中并没有体现，因此二者不属于相同主题的外观设计，不能享有优先权。

主视图　　　　　　　右视图　　　　　　　左视图

立体图　　　　　　　仰视图　　　　　　　俯视图

图 5-1-10　壶体（在先申请）

主视图　　　　　　　右视图　　　　　　　左视图

图 5-1-11　壶体（在后申请）

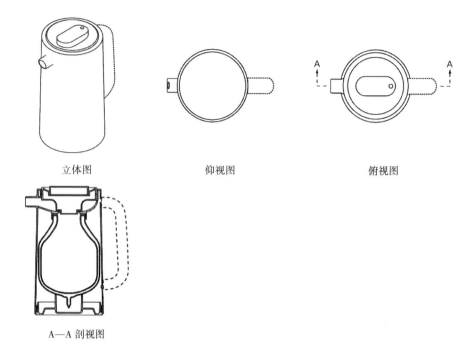

立体图　　　　　　　仰视图　　　　　　　俯视图

A—A剖视图

图5-1-11　壶体（在后申请）（续）

③制图方式的变化。由于各国对于视图表达形式的要求不一，难免会出现在先申请与在后申请采用了不同表达方式的情况。如图5-1-12所示的网络照相机，在先申请为绘制的线条图（顶部罩体透明，内部可见结构以实线绘出），在后申请以照片视图表达该网络照相机的上部。由于在后申请照片视图所呈现出来的产品上部的色彩在在先申请中没有表示，无论在后申请是否在简要说明中声明"请求保护的外观设计包含色彩"，在后申请与在先申请都不属于相同主题。

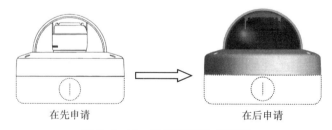

在先申请　　　　　　　　　在后申请

图5-1-12　网络照相机（彩图）

但是，如果在后申请仅是为了区分要求保护的部分和其他部分而在视图中使用了带色彩的半透明层，同时在简要说明中对这种区分方式进行了说明，在判断在后申请与在先申请是否属于相同主题时则不考虑在后申请视图中显示的该色彩。如图 5-1-13 所示，在先申请为绘制的线条图，在后申请要求保护网络照相机的上部，下部底座部分以黄色半透明层覆盖，但其设计内容清晰可辨，同时在简要说明中声明"视图中黄色半透明层覆盖的为不要求保护的部分，黄色不是该外观设计的色彩"，由于在后申请清楚地表示在在先申请中，在后申请与在先申请属于相同主题。

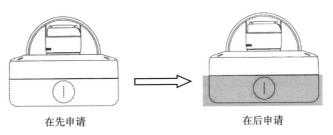

在先申请　　　　　　　　在后申请

图 5-1-13　网络照相机（彩图）

（3）涉及图形用户界面

《专利法》第四次修改以后，申请人在我国就图形用户界面提交局部外观设计专利申请时，可以以带有图形用户界面所应用的具体产品的方式提交，也可以以不带有图形用户界面所应用的具体产品的方式提交（即仅提交图形用户界面的视图）。同时，图形用户界面在国外的申请形式也比较多样，有的要求作为产品的局部提交申请，有的可以仅提交图形用户界面的视图，还有的从保护客体上将图形用户界面视为与"产品"并列的一种类型。也就是说，在先申请有多种形式，在后申请也有几种类型，具体到外观设计优先权相同主题的判断，就可能出现多种不同的情形。

涉及图形用户界面的在先申请，其产品名称可能包含有图形用户界面所应用的产品，也可能仅为"图形用户界面"或者类似的用语，这种差异主要源于各国申请制度的不同。如果在我国的在后申请是将图形用户界面以局部外观设计的方式提出的，在进行外观设计优先权相同主题判断时，通常认为在后申请与在先申请属于"相同产品"的外观设计。

①在后申请以"电子设备"作为图形用户界面的载体。如果在后申请以"电子设备"作为图形用户界面的载体，即在后申请不带有图形用户界面所应用的具体产品，视图仅表达图形用户界面的设计，在先申请只要表示有相同的界面设计，不论其视图中是否还包含具体产品的设计，通常都认为在后申请与在先申请属于相同主题。如图 5-1-14 所示，在后申请为电子设

备的空气监测图形用户界面，仅提交了图形用户界面的视图，在先申请为手机的空气监测图形用户界面，视图显示了手机的外形。由于在后申请要求保护的图形用户界面已经清楚地表示在在先申请中，在后申请与在先申请属于相同主题。

在后申请 在先申请
电子设备的空气监测图形用户界面 手机的空气监测图形用户界面

图 5-1-14　图形用户界面

②在后申请以具体产品作为图形用户界面的载体。如果在后申请以具体产品作为图形用户界面的载体，即视图中不仅表示出了图形用户界面的设计，还表示出了图形用户界面所应用的产品的设计，这种情况下只有在先申请的视图表示出了相同的图形用户界面设计和相同的产品设计，才会被认为属于相同主题。如果在先申请中虽然表示出了与在后申请相同的图形用户界面设计，但不包含产品设计或者与在后申请视图中的产品设计不相同，都会因为在后申请与在先申请不属于相同主题而不能享有优先权。如图 5-1-15 所示，在后申请为手机的相册编辑图形用户界面，其中手机的外形用虚线绘制，属于不要求保护的部分，在先申请仅为相册编辑图形用户界面，未表明图形用户界面所应用的产品，视图中也未表示除图形用户界面以外的产品设计。由于在后申请中的手机的形状设计在在先申请的视图中没有清楚地表示出来，在后申请与在先申请不属于相同主题，从而不能享有优先权。在这种情况下，即使在后申请视图中产品形状为该类产品的惯常形状，在后申请仍不能享有优先权。

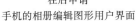

在后申请 手机的相册编辑图形用户界面	在先申请 相册编辑图形用户界面

图 5-1-15　图形用户界面

（4）涉及简要说明

根据《专利法》第 64 条第 2 款规定，外观设计专利权的保护范围以表示在图片或者照片中的该产品的外观设计为准，简要说明可以用于解释图片或者照片所表示的该产品的外观设计。根据《专利审查指南 2023》的相关规定，简要说明可以对于产品的透明部分、单元图案连续方式、细长物品的省略画法、产品由透明材料或者具有特殊视觉效果的新材料制成、请求保护色彩等进行说明。因此，简要说明也不可避免地会影响优先权的主题判断。

我国要求外观设计专利申请文件必须包括简要说明，而许多国家的外观设计申请文件中没有简要说明，因此就同样的外观设计在我国申请外观设计专利时，往往需要补充简要说明。在这种情况下，为了避免由此可能给申请人获得优先权带来的障碍，《专利法实施细则》第 34 条第 4 款规定："外观设计专利申请的申请人要求外国优先权，其在先申请未包括外观设计的简要说明，申请人按照本细则第三十一条规定提交的简要说明未超出在先申请文件的图片或者照片表示的范围的，不影响其享有优先权。"换言之，简要说明的内容需以在先申请的图片或者照片为依据。例如，在先申请的视图中包含色彩要素但申请文件中没有关于色彩的说明，向我国提出的在后申请的简要说明中声明了"请求保护的外观设计包含色彩"，只要在后申请视图中外观设计的色彩已经清楚显示在在先申请中，在满足其他优先权条件的情况下就能够享有外国优先权。

以上详细叙述了我国关于外观设计优先权相同主题的判断标准,但是在实际的专利申请过程中,申请人可能会举出反例。例如,前述结论为"不属于相同主题从而不能享有优先权"的案例,在实际审查过程中可能并没有发出"视为未要求优先权通知书",授权公告的信息中仍然包含优先权信息。出现这种情况并不是优先权相同主题的判断标准出现了偏差,而是与外观设计专利申请的审查制度和审查阶段有关。

《专利审查指南 2023》第一部分第一章第 6.2.1.1 节规定:初步审查中,对于在先申请是否是巴黎公约定义的第一次申请以及在先申请和在后申请的主题的实质内容是否相同均不予审查,除非第一次申请明显不符合巴黎公约的有关规定或者在先申请与在后申请的主题明显不相关。根据上述规定,在外观设计的初步审查阶段,仅审查外国优先权主题是否相关。这就可能出现在后申请与在先申请的主题不相同但仍属于"相关"的范畴,在初步审查阶段没有发出视为未要求优先权通知书,授权公告时仍包含优先权信息的情况。所以,经初步审查后授权公告的外观设计专利,如果包含外国优先权,该优先权实际上是处于悬而未决的状态。如果后续程序中需要使用优先权日,比如无效程序中有介于申请日与优先权日之间的现有设计证据,则需要核实优先权是否成立,此时适用的就是"优先权主题相同"的判断标准。

外观设计专利申请每年授权几十万件,后续程序需要核实优先权的并不多,这也是《专利审查指南 2023》规定在初步审查中仅审查主题相关的原因。对于申请人来说,要求了优先权并且未收到视为未要求优先权通知书,并不意味着在后续程序中一定能够享有优先权,提交在后申请时还是应当严格按照"相同主题"的标准准备申请文件,才有可能真正享有优先权。

第二节　局部外观设计的市国优先权

我国于 1984 年制定的《专利法》中并没有关于本国优先权的规定,在 1992 年第一次修改时,增加了关于发明专利和实用新型专利的本国优先权制度,但并不涉及外观设计专利。

2008 年第三次修改《专利法》时,我国建立了外观设计专利的"相似外观设计"制度，其初衷是为了更好地保护专利权人的权益。但由于我国之前没有本国优先权制度，在建立"相似外观设计"这一制度后，产生了本国申请人和外国申请人在一定程度上的权利不对等问题。当外国申请人在外国提交了一项外观设计申请后，可以在 6 个月内围绕这一基本设计构思不断进行改进和完善，形成多项相似外观设计，并以相似设计向我国提交合案申请并要求外国优先权。虽然从实质上讲，只有与在先申请相同的那一项外观设计可以享有优先权，其他设计并不可以享有优先权，但是申请人若采取上述合案申请的方式提交，在先申请不会对在后申请的专利性构成影响，其他设计仍可以获得专利权。但如果是中国申请人，在国内提交首次申请后，由于没有本国优先权制度，申请人只能事先完成所有构思，在同一天提出相似设计合案申请，否则如按设计完成时间依次提交，可能会因为与之前已提交申请中的外观设计构成实质相同的外观设计而不具有专利性，从时间成本来看，国内外申请人的权利是不对等的。

此外，我国已经加入《海牙协定》，申请人可以提交外观设计国际申请并指定中国。申请人在中国提出外观设计专利申请六个月内，又就相同主题提出外观设计国际申请并指定中国的，可以享有其在中国提交的在先申请的"外国"优先权，相当于变相享有了本国优先权。而如果申请人在中国提交外观设计专利申请后，又就相同主题直接在中国提交在后外观设计专利申请，在没有本国优先权制度的情况下，就不能享有在先申请的优先权。申请途径不同，可能导致其最终享有的权利存在明显差异。

基于此，第四次修改《专利法》增加了外观设计本国优先权制度。

有了本国优先权制度，中国申请人也可以在在先申请的申请日后 6 个月内追加相似外观设计，在对"相似外观设计"制度的利用上与外国申请人享有相同的权利，从而让"相似外观设计"制度的设立初衷更好地体现出来。申请人不论是直接向中国提出外观设计专利申请，还是通过《海牙协定》途径提交外观设计国际申请时指定中国，都能享有相同的权利。

同时，第四次《专利法》修改也建立了局部外观设计保护制度，对于局部外观设计专利申请，由于其图片或照片需要表明局部外观设计所在的整体产品，其保护范围仅占图片或照片显示内容的一部分，因此在在先申请和在后申请保护范围的选择上，申请人是有着一定的修改空间的。通过外观设计本国优先权制度，申请人可以改变其外观设计专利申请要求的保护范围。

一、要求本国优先权的条件

要享有本国优先权，需要满足以下条件。

（一）优先权期限

外观设计的本国优先权期限与外国优先权期限相同，均要求在后申请在其在先申请的申请日起六个月内提出。对于要求多项优先权的，以最早的在先申请的申请日为时间判断基准，即要求优先权的在后申请是在最早的在先申请的申请日起六个月内提出的。

（二）对在先申请的要求

《专利法实施细则》第 35 条明确了发明、实用新型与外观设计专利申请均可以作为外观设计本国优先权的基础。若申请人要求本国优先权，在先申请还需满足以下三个要求：

1）在先申请不应当是分案申请。根据《专利法》第 29 条的规定，作为优先权基础的在先申请应当是第一次提出的专利申请，即首次申请。分案申请是从原申请分出来的申请，原申请才是首次申请，因此分案申请不能作为要求本国优先权的基础。

2）在先申请没有要求过外国优先权或者本国优先权，或者虽然要求过外国优先权或者本国优先权，但未享有优先权。这也是因为作为优先权基础的在先申请应当是首次申请。

3）在后申请提出之日在先申请应当尚未被授予专利权。这一要求主要是为了避免重复授权。假如在后申请能够享有授权后的在先申请的优先权，而在后申请也被授予外观设计专利，其就会面临与在先申请构成同样的外观设计的问题，从而不符合《专利法》第 9 条 "同样的发明创造只能授予一项专利权" 的规定。因此，为了保持法律规定的一致性和可操作性，当在先的外观设计专利申请已被授权后，在后的外观设计专利申请不能要求该在先申请的本国优先权。但是，在先申请是发明专利申请或者实用新型专利申请，则不受此限制，因为外观设计专利与发明专利或者实用新型专利作为不同类型的权利，不会构成重复授权。

（三）相同主题

对于本国优先权相同主题的认定与前述外国优先权的一致，这里不再赘述。

但是，在初步审查阶段，对于本国优先权相同主题的审查程度与外国优先权是不同的。对于本国优先权，在初步审查阶段严格适用"相同主题"的判断标准。如果在先申请为外观设计专利申请，在后申请能够享有优先权，则在先申请即被视为撤回。在这种情况下，如果不严格适用"相同主题"的认定标准，就有可能出现在先申请被视为撤回、在后申请不能真正享有优先权的情况。

二、与本国优先权要求相关的程序

与本国优先权要求相关的程序主要有以下四种。

（一）本国优先权要求的基本程序

申请人若要享有本国优先权，首先应在提出专利申请的同时在请求书中进行声明，在请求书中应当写明作为优先权基础的在先申请的申请日、申请号和原受理机构名称（即中国），只要写明了在先申请的申请日和申请号，就被视为提交了在先申请文件的副本。如果要求优先权的在后申请的申请人与在先申请中记载的申请人不一致，在后申请的申请人应当在提出在后申请之日起三个月内提交由在先申请的全体申请人签字或者盖章的优先权转让证明文件。申请人应当在缴纳申请费的同时缴纳优先权要求费。

值得注意的是，在外国优先权中，在后申请的申请人应当与在先申请中记载的申请人一致，或是在先申请中记载的申请人之一，而本国优先权的在后申请的申请人则要求与在先申请中记载的申请人完全一致。这是因为外国优先权的成立与否，对在先申请无任何影响，而本国优先权则不同，当在先申请为外观设计专利申请时，如果在后申请要求的本国优先权成立，则在先申请要被视为撤回，而在先申请的撤回必须得到全体申请人的认可，所以要求本国优先权的在后申请和在先申请的申请人要完全一致。

（二）在先申请的视为撤回程序

与外国优先权不同的是，外观设计本国优先权制度涉及在先申请被视为撤回的程序。《专利法实施细则》第 37 条规定："申请人要求本国优先权的，其在先申请自后一申请提出之日起即视为撤回，但外观设计专利申请的申请人要求以发明或者实用新型专利申请作为本国优先权基础的除外。"对于外观设计专利申请而言，该规定意味着：

1）如果作为本国优先权基础的在先申请为发明专利申请或者是实用新

型专利申请，在先申请不会被视为撤回。

2）如果作为本国优先权基础的在先申请为外观设计专利申请，该在先的外观设计专利申请要被视为撤回。

对于要求本国优先权的在后外观设计专利申请，当在先申请也为外观设计专利申请时，在先申请会被视为撤回。这一规定主要是为了避免重复授权。外观设计本国优先权制度的设立初衷主要是便于申请人将在申请日后一段时间内作出的相似外观设计追加到申请中，这样在后申请中必须包含有在先申请中的设计才有可能享有优先权，若在先申请不撤回，则会导致重复授权。若在先申请的类型为发明或实用新型，则在先申请不需要撤回，这是因为不同类型的专利申请之间本质属性不同。

以在先的外观设计专利申请作为优先权提出在后申请，根据《专利法实施细则》第 37 条的规定，"其在先申请自后一申请提出之日起即视为撤回"。在实践中，在先申请的视为撤回是有前提条件的，即只有在在先申请确实作为在后申请的优先权基础、在后申请的优先权成立的条件下，在先申请才会被视为撤回。如果虽然在后申请要求享有优先权，但优先权不成立，则在先申请不会被视为撤回。《专利法实施细则》第 37 条的这一规定，应当理解为：当优先权成立时，在先申请的效力自后一申请提出之日起即视为撤回。

此外，对于指定中国的外观设计国际申请，其要求中国在先申请的优先权的，视为要求本国优先权。如果在先申请尚未授权，则在先申请视为撤回；如果在先申请已经授权，则在后的指定中国的外观设计国际申请将被驳回。

（三）本国优先权要求的撤回程序

本国优先权要求的撤回程序与外国优先权一致，在此不再赘述。

（四）本国优先权要求的恢复程序

本国优先权要求的恢复与后续救济途径与外国优先权一致，在此不再赘述。

第三节　优先权制度的利用

外国优先权制度和本国优先权制度从不同角度为申请人提供了便利。在本章第一节我们着重介绍了在我国享有外国优先权的程序和条件，方便外国申请人在我国使用优先权制度。同样地，中国申请人在国外申请外观设计专利时也可以使用外国优先权制度，因为优先权制度是对等的，只不过由于各国具体的优先权规则存在差异，申请人只有充分了解各国优先权制度的具体规则，才能更好地使用。我们在本章第二节介绍了外观设计本国优先权的条件和程序，外观设计本国优先权除了用于相似外观设计合案，还有一些情形也可以使用。本节探讨如何利用优先权制度，发挥制度的作用。

一、中国申请人如何利用外国优先权制度

中国申请人在中国提出首次申请后又在其他国家就相同主题提出申请时，也可以要求优先权。为了有效利用这一制度，申请人有必要了解清楚在后申请所在国的优先权制度的具体规则，这将决定在后申请能否真正享有优先权。中国申请人向外国申请外观设计专利的目的地主要有美国、欧盟、日本和韩国，我们简要介绍美国、欧盟、日本和韩国的优先权规则，以便中国申请人更好地利用外国优先权制度。

（一）各国关于外国优先权制度的条件和程序

表5-3-1中列举了美国、欧盟、日本和韩国关于要求外观设计外国优先权的条件和期限等内容。

表5-3-1　美国、欧盟、日本和韩国要求外观设计外国优先权的条件和期限❶

类别	美国	欧盟	日本	韩国
在先申请类型	外观设计 发明	外观设计 实用新型 PCT❷	外观设计 实用新型 发明	外观设计 实用新型 发明
优先权声明时间	申请受理期间，缴费前	申请同时及提出申请后一个月内	申请的同时提出	申请的同时提出
优先权期限	首次申请之日起六个月内	首次申请之日起六个月内	首次申请之日起六个月内	首次申请之日起六个月内

---

❶　国家知识产权局专利局关于五局优先权审查实践研究：Study of Practices of Priority Rights for Industrial Designs by ID5 Offices。

❷　欧盟原则上不能以发明作为外观设计的优先权基础。由于PCT申请中还包括实用新型，故接受以PCT申请作为外观设计的优先权基础。

类别	美国	欧盟	日本	韩国
证明文件提交期限	申请受理期间	在申请同时提出优先权声明的，申请日起三个月内；在申请后一个月内提出优先权声明的，收到优先权声明三个月内	申请日起三个月内	申请日起三个月内
优先权费用	无	无	无	有

各个国家和地区对于提交文件的内容要求一般都是一致的，其申请文件均要求写明优先权请求、在先申请的国家名称和在先申请的申请日，且一般均要求申请人在规定期限内，向申请国或地区知识产权局提交由在先申请国主管机关证明的在先申请文件副本。但从表 5-3-1 可以看出，各国或地区对于外观设计要求外国优先权的具体要求存在一定差异，如优先权费用、优先权声明时间等。中国申请人可以参照表 5-3-1，根据企业的专利战略规划和发展需要，有选择地向其他国家和地区要求外观设计的外国优先权。

（二）各国的优先权相同主题判断标准

在相同主题判断方面，各个国家和地区的判断标准也不尽相同。仍以美国、日本、韩国和欧盟知识产权局为例，美国关于相同主题的判断严格遵循"充分公开"原则，只要在后申请所表示的内容在在先申请中已经完整、清晰地表达出来，即认为属于相同主题。如在先申请与在后申请的线条发生虚实变化，不影响在后申请享有优先权。但与"清楚记载"原则相比，"充分公开"原则要求更为严格，一些能通过"常识推导"得出的结论在美国并不适用。例如，在先申请中仅公开小汽车的某一侧面，在后申请中提交了含有另一侧面的视图，虽然能够通过常识判断得出小汽车的两个侧面应当是一致的，但是由于该侧面没有在在先申请中公开，根据"充分公开"原则，在后申请无法在美国享有外国优先权。再如图 5-3-1 所示，在先申请为拖拉机的整体产品外观设计，在后申请为拖拉机的局部外观设计，由于在后申请要求保护的局部与不保护部分的分界线在在先申请中没有显示，根据"充分公开"原则，在后申请也无法在美国享有外国优先权。

在先申请　　　　　　　　　　在后申请

图 5-3-1　拖拉机和拖拉机的车头前部（彩图）

　　欧盟的外观设计申请采用注册制，其在注册程序中对于要求优先权的在后申请与在先申请是否属于相同主题不作审查，因此给人一种其优先权的相同主题判断标准十分宽松的印象。在后续的无效或者侵权程序中，如果需要，会审查是否能真正享有优先权，即要判断在后申请与在先申请是否属于相同主题。对于相同主题的判断标准，欧盟主要对比在后申请与在先申请要求保护的部分是否有设计特征的增减，如果有，则不认为属于相同主题。在先申请为局部外观设计，在后申请为相应的整体外观设计，欧盟认为在后申请增加了要求保护的设计特征，从而不能享有优先权；如果在后申请删除了在先申请中不要求保护的部分，仍不能享有优先权。例如，如图 5-3-2 所示椅子的调节杆和椅子，在先申请是包含虚线的局部外观设计，要求保护的是实线绘制的椅子的调节杆，而在后申请是将虚线改为实线的椅子整体外观设计，这种情况在欧盟知识产权局不能享有优先权。欧盟判断是否属于相同主题时，如果区别在于无关紧要的细节，则不影响优先权的享有。

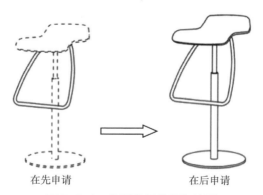

在先申请　　　　　　　　　在后申请

图 5-3-2　椅子的调节杆和椅子

日本在进行优先权相同主题判断的时候遵循"保护范围"的观点，其《外观设计审查基准》规定，在后申请应当与在先申请的"外观设计相同"。该条规定是日本在审查优先权时判断主题是否一致的总原则。在具体实施过程中，日本将在先申请的文件与在后申请的文件进行比对，如果在后申请属于超范围的修改，那么就会认为在后申请与首次申请主题不一致。而日本对于修改超范围判断的总体原则是，超出了根据本领域的通常知识所必然能够导出的范围或者对申请时不明确的外观设计保护范围加以明确，均属于超范围的修改。如通过将产品整体外观设计改为局部外观设计，或者将局部外观设计改为产品整体外观设计的，均属于超范围的修改。因此，从这个角度来说，日本的优先权相同主题判断规则对于申请人而言较为严格，提交在后申请时，申请人需要保证其与在先申请完全一致，或仅有产品上微小的用于传达信息的文字的增减，才可以享有外国优先权。但是，日本关于修改超范围的判断原则中支持"常识推导"，像前述汽车侧面的案例就被认为没有超出其修改范围，可以享有优先权。

韩国的优先权相同主题判断标准与日本相似，不过在某些情形下，韩国的判断标准比日本相对宽松。当在后申请与在先申请为实质上相同的外观设计时，也能享有优先权。例如，当在先申请与在后申请的产品名称发生改变，但未引起产品用途和功能的变化时，日本将这种修改认定为超范围的修改，无法享有优先权❶，而韩国则认为可以享有优先权。再如，当在先申请与在后申请的视图色彩仅发生色彩浓度的变化时，韩国认为可以享有优先权，而日本认为不能享有优先权。

如前所述，各国优先权主题判断的总原则都使用了同样的用语——"相同"。这体现了各国依据《巴黎公约》和 TRIPS 协议设立外观设计优先权制度的统一性。但值得注意的是，各个国家和地区在具体判断在后申请与在先申请的主题是否"相同"时，把握的标准却存在较大差异，表 5-3-2 总结了各种情形下美国、欧盟、日本和韩国关于相同主题的判断标准。

---

❶ 但是，如果因各国不同的法律规定使得在先申请与在后申请的产品名称不可避免地发生改变，这种情况下产品名称改变不影响在日本享有外国优先权。

表 5-3-2　美国、欧盟、日本和韩国关于相同主题的判断标准

主题类型			能否给予优先权			
			美国	欧盟	日本	韩国
局部外观设计与整体产品外观设计	在先申请为整体产品外观设计，在后申请为局部外观设计		√	×	×	×
	在先申请为局部外观设计，在后申请为整体产品外观设计	将在先申请中不属于保护范围的部分在在后申请中纳入保护范围	√	×	×	×
		将在先申请中不属于保护范围的部分删去	√	×	×	×
局部外观设计与整体产品外观设计	在先申请与在后申请属于产品的不同局部		√	×	×	×
	在先申请与在后申请要求保护的局部相同，但其余部位不同		×	√	×	×
视图数量不同	增加或更改的视图能够通过常识从在先申请视图中推断		×	√	√	√
照片视图和绘制视图	在先申请与在后申请的视图提交形式改变，但公开内容一致		√	√	√	√
涉及色彩	在先申请与在后申请发生了明显色彩改变		×	取决于色彩的重要程度	×	仅色彩浓度改变可以接受，色彩明显不同不能接受
产品名称	视图内容相同时产品名称发生改变		√	√	×	当产品用途和功能未发生改变时可以接受

　　申请人若想在中国提交外观设计专利申请后，又向其他国家和地区提交申请并要求外国优先权，最好在中国提交申请之前考虑好未来的申请计划，参考表 5-3-2 按照在后申请的国家和地区关于相同主题判断标准要求，有针对性地规划申请策略，以便更好地进行全球专利布局。如果想在多个国家或地区要求优先权，则需要分析不同国家或地区关于相同主题判断标准的差异，在中国的首次申请不能同时与多个国家或地区的在后申请构成"相同"时，可以考虑在中国同时提交多个"首次申请"，以便能在其他国家或地区享有优先权。

二、如何利用本国优先权制度

我国建立外观设计本国优先权制度主要是为了解决不同时间作出的相似外观设计进行合案申请的问题，但是在实际运用中，申请人还可以更灵活地运用本国优先权制度，更好地保护设计创新。

第一，可以对在先申请要求保护的外观设计进行完善。在优先权期限内，申请人可以围绕在先申请的设计构思不断进行改进和完善，形成多项相似外观设计，并通过要求本国优先权的方式提交相似设计合案申请。这样不但延长了设计定型的时间，同时多项相似设计合案申请也更有利于形成合理的专利布局。

如图 5-3-3 所示为梳子的外观设计专利申请，申请人在首次申请时仅要求保护一项外观设计，在此之后的 6 个月内，申请人又在该设计基础上完善了梳齿部分的设计。此时，申请人就可以重新提交一份包含两项相似设计的外观设计专利申请，并要求其在先申请的本国优先权。需要注意的是，该在后申请中必须包含在先申请视图中显示的这项设计，否则在后申请不能享有优先权。

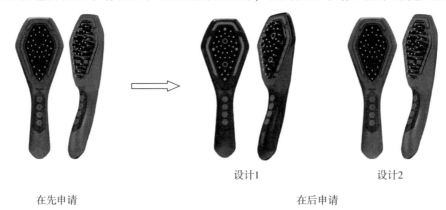

在先申请　　　　　　　　　　设计1　　　　　　　　　　设计2

　　　　　　　　　　　　　　　　在后申请

图 5-3-3　梳子（彩图）

第二，可以通过要求多项本国优先权的方式进行相似外观设计的合案申请。当申请人由于申请策略的失误，将本应合案申请的多项设计分别提交申请，或是当申请人在不同申请日陆续提交多项改进设计，这些分开的申请可能会因不符合《专利法》第 9 条的规定而不能授予专利权。此时，申请人可以将这些申请中的外观设计合并，提交相似外观设计合案申请，并要求多项本国优先权。作为申请策略失误的后续救济途径，本国优先权制度能够有效保障申请人的权益。

如图 5-3-4 所示为梳子的外观设计专利申请，申请人首先提交了一项梳子的外观设计专利申请（称为在先申请 1），此后申请人又将该设计进行了改进，又提交了一件申请（称为在先申请 2）。由于在先申请 1 与在先申请 2 之间的区别属于局部细微差异，二者构成实质相同的外观设计，在先申请 2 不符合授权条件。此时，如果距离在先申请 1 的申请日不超过 6 个月，且在先申请 1 还没有被授予专利权，则申请人可以提交一份包含在先申请 1 和在先申请 2 的相似外观设计的在后申请，并分别要求两项在先申请的本国优先权，则这两项外观设计均可以获得保护。

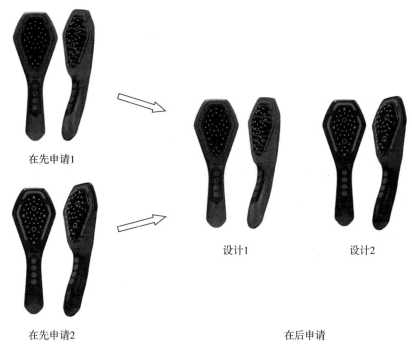

图 5-3-4　梳子（彩图）

第三，可以转换保护内容。在先申请是以产品整体外观设计的方式提交，而申请人过后想保护其中的局部，如果在原申请的基础上修改视图需在自申请日起两个月内主动修改，否则该修改将不被接受。那么，当超出两个月主动修改期限时，申请人可以将要求保护的局部以局部外观设计的方式提交在后申请，并要求在先整体外观设计申请的本国优先权。或者反之，当在先申请是以局部外观设计的方式提交时，也可以通过上述方式变换成产品整体外观设计要求保护。申请人还可以将要求保护产品 A 部设计的在先申请作为优先权基础，提出保护该产品 B 部设计的在后申请。需要注意的是，当以在先的外观设计专利申请作为优先权基础要求享有本国优先权时，在先申请会被视为撤回，因此申请人在利用本国优先权制度转换保护内容时应当慎重。如果同时也希望保护在先申请中的设计，则还应将该在先申请中的设计再次提交申请，并且也要求本国优先权。

如图5-3-5所示，申请人先以产品整体外观设计的方式提交秤的外观设计，三个月后申请人想将秤的保护范围修改为保护秤的上表面的设计时，此时已超出主动修改期限，但可以提交秤的局部外观设计申请并要求在先申请的本国优先权，以此达到转换保护内容的目的。

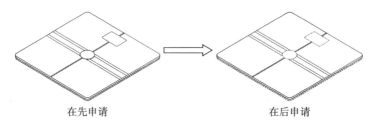

在先申请　　　　　　　　　　　　　　在后申请

图5-3-5　秤和秤的面板

第四，可以作为在先申请被视为撤回的后续救济途径。当在先申请因为各种原因被视为撤回时，要求恢复权利的期限通常为两个月，而利用本国优先权制度，申请人可以在申请日起六个月内提交一个相同的外观设计专利申请，通过要求本国优先权的方式使外观设计专利申请得以延续。

实践中有一种情形是不能享有本国优先权的，即当原申请的视图不能清楚地显示要求保护的产品的外观设计，并且在原申请中不能通过修改克服时，如果申请人试图利用本国优先权制度提交在后申请以修正外观设计图片或照片中的缺陷，则其在后申请不能享有本国优先权。也就是申请人可以改正原申请中的缺陷，但不能享有原申请日。比如，原申请中缺少必要的视图，或者视图错误导致视图中显示的产品设计不确定，或者视图不清晰无法分辨产品设计的必要细节，视图中这样的缺陷会导致所提交的视图不能清楚地显示要求保护的对象，在原申请中无法通过修改来克服这些缺陷，因为克服了上述缺陷的修改通常会超出原外观设计图片或照片表示的范围。此时有的申请人会利用本国优先权制度再提交一个新的申请，在该申请中克服在先申请视图中的缺陷。这种情况下，该在后申请不能享有优先权，因为在后申请视图表达的设计内容在在先申请中没有完全记载。也就是说，如果原申请中存在"未清楚表达要求保护的产品的外观设计"的实质性缺陷，不能通过本国优先权制度既克服缺陷又享有原申请日。

如图5-3-6所示的台灯案例，在先申请仅提交了台灯的主视图、左视图、右视图、俯视图、仰视图和立体图，所提交的视图未显示台灯背面的设计，不能清楚地显示要求保护的产品的外观设计。该缺陷在原申请中已无法克服，申请人以原申请作为优先权基础提交了一个在后申请，该在后申请包括六面正投影视图和立体图，清楚表达了台灯的设计。由于该在后申请的后视图中的音响孔区域的设计在在先申请中没有记载，因此在后申请不能享有优先权。

左视图　　　　　　　　　主视图　　　　　　　　　右视图

仰视图　　　　　　　　　俯视图　　　　　　　　　立体图

在先申请

左视图　　　　　主视图　　　　　右视图　　　　　后视图

仰视图　　　　　俯视图　　　　　立体图

在后申请

图5-3-6　台灯

第六章 局部外观设计

专利申请文件

　　请求书、外观设计图片或照片和简要说明是申请外观设计专利的必要文件，也是确定外观设计专利权保护范围的基础性文件。申请文件的质量对于一件专利申请能否顺利获得授权，以及授权后的专利能否得到充分有效的保护具有非常重要的影响。对于外观设计专利申请文件来说，最核心的要求是能够清楚表达要求保护的产品的外观设计，明确其保护范围。在这一点上，无论是对产品整体外观设计专利申请还是局部外观设计专利申请都是相同的。由于局部外观设计的表达方式和保护范围有别于整体外观设计，其专利申请文件的内容与产品整体外观设计必然存在不同之处，因此在《专利法实施细则》和《专利审查指南 2023》中对局部外观设计专利的请求书、外观设计图片或照片和简要说明的相关内容均作出了专门的规定。

　　本章将重点介绍局部外观设计专利申请文件的相关规定，以及在制作局部外观设计专利申请文件时需要注意的事项。涉及图形用户界面的外观设计专利申请文件的相关内容，将在第七章进行介绍。

第一节　请求书

　　请求书是申请专利的必要文件之一，用于表明专利申请人获得专利权的意愿以及与申请相关的著录项目信息。在我国提交专利申请，需使用专用的请求书表格。如果申请人以纸件形式提交申请，可登录国家知识产权局官方网站下载"外观设计专利请求书"；如果申请人通过网络提交电子申请，可通过国家知识产权局官方网站下载电子申请客户端，并根据要求在线填写"外观设计专利请求书"。

　　无论是纸件申请还是电子申请，外观设计专利申请的请求书均应当写明下列事项：使用外观设计的产品名称、申请人的身份信息和地址等相关信息、设计人的身份信息、申请人或者代理机构（委托专利代理机构的情形下）的签字或盖章以及申请文件清单。此外，根据需要还应填写的内容有：

专利代理机构的信息、要求优先权声明、不丧失新颖性宽限期声明，以及相似设计、局部设计、附加文件清单等。

对于涉及发明、实用新型和外观设计三种专利遵循请求书填写的共用规定，如申请人、设计人、专利代理机构、要求优先权信息等内容，本书不进行说明。本节仅对外观设计专利请求书中填写使用外观设计的产品名称及其他与局部外观设计相关内容进行说明。

一、使用外观设计的产品名称

产品名称对图片或者照片中表示的外观设计所应用的产品种类具有说明作用，因此提交外观设计专利申请必须明确使用外观设计的产品名称。如果不明确产品名称，就无法确定图片或者照片中的外观设计被具体应用于哪类产品，例如图片或者照片中记载的汽车车门的局部设计，其整体产品可以是作为交通工具的汽车，也可以是汽车模型或玩具汽车。

产品名称应满足下列条件：

（一）产品名称应与外观设计图片或者照片中表示的外观设计相符合

《专利审查指南 2023》第一部分第三章第 4.4.1 节规定："申请局部外观设计专利的，应当在产品名称中写明要求保护的局部及其所在的整体产品"。即局部外观设计专利申请的产品名称既要包含整体产品的名称，也要包含要求保护的局部的名称，指明具体要求保护的部分，并且整体产品的名称和局部的名称要与图片或者照片中表达的外观设计一致。如图 6-1-1 所示座椅的靠背雕花，产品名称中既表明整体产品是座椅，也表明要求保护的局部是靠背上的雕花，很明显与图片或者照片中显示的外观设计一致。

图 6-1-1　座椅的靠背雕花（彩图）

（二）产品名称应准确、简明地表明要求保护的产品的外观设计

产品名称对外观设计所应用产品的种类具有说明的作用。对于局部外观
设计来说，无论是其整体产品名称，还是要求保护的局部名称，准确表达对
确定专利权的保护范围非常重要。通常情况下，可以采用"整体产品名称+
的+局部名称"的方式命名，对于产品的局部有共识名称的，直接采用共识
名称来命名，如图 6-1-2 至图 6-1-4 所示杯子的把手、轮胎的胎面、包装
瓶的瓶口等。

图 6-1-2　杯子的把手　　图 6-1-3　轮胎的胎面　　图 6-1-4　包装瓶的瓶口

对于产品中的局部没有共识名称的，不能简单地将其称为"×××的局
部"或者"×××的部分"，可以用要求保护的局部在产品整体中的位置或者
"整体产品名称+主体"的方式来命名，以清楚表明要求保护的局部，如图
6-1-5 所示的"汽车后部"，如图 6-1-6 所示的"耳机主体"。

图 6-1-5　汽车后部（彩图）　　　　　图 6-1-6　耳机主体

另外，对于产品的整体外观设计和局部外观设计采用相似设计合案申请
的情形，产品名称中则既要有整体外观设计的名称，也要有局部外观设计的
名称，二者缺一不可，如图 6-1-7 所示的包装袋及其袋体。

设计 1

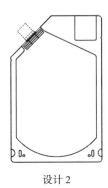

设计 2

图 6-1-7　包装袋及其袋体

(三) 应当避免使用的产品名称

在局部外观设计的产品名称中，无论其整体产品名称还是要求保护的局部名称中，均不能出现下述内容：

①含有人名、地名、国名、单位名称、商标、代号、型号或者以历史时代命名的产品名称。

②概括不当、过于抽象的名称，如炊具的把手、乐器的按键等。

③描述技术效果、内部构造的名称，如节油发动机主体、汽车的节能阀等。

④附有产品规格、大小、规模、数量单位的名称，如手套的一个手指等。

⑤以外国文字或者无确定的中文意义的文字命名的名称，例如克莱斯酒瓶瓶口，但已经众所周知并且含义确定的文字可以使用，如 USB 集线器接口、发光板的 LED 灯珠等 。

二、请求书中的其他事项

申请局部外观设计专利时，申请人应该在请求书中勾选"局部设计"选项，如图 6-1-8 所示。

⑬相似设计	□本案为同一产品的相似外观设计，其所包含的项数为 0 项。
⑭成套产品	□本案为成套产品的多项外观设计，其所包含的项数为 0 项。
⑮局部设计	☒本案请求保护的外观设计为局部外观设计。

图 6-1-8　外观设计专利请求书第二页涉及局部设计的选项

此外，如果局部外观设计专利申请为相似设计，申请人还需要在请求书中同时勾选"相似设计"选项，并填写项数。

需要注意的是，《专利审查指南 2023》第一部分第三章第 9.2 节规定："成套产品中的外观设计应为产品的整体外观设计，而非产品的局部外观设计。"因此，在填写请求书时不存在同时勾选"局部设计"和"成套产品"的情形。

第二节　外观设计图片或者照片

《专利法》第 64 条第 2 款规定："外观设计专利权的保护范围以表示在图片或者照片中的该产品的外观设计为准，简要说明可以用于解释图片或者照片所表示的该产品的外观设计。"可以看出，外观设计图片或照片是确定外观设计专利权保护范围的重要文件。

《专利法》第 27 条第 2 款规定："申请人提交的有关图片或者照片应当清楚地显示要求专利保护的产品的外观设计。"《专利法实施细则》第 30 条第 1 款规定："申请人应当就每件外观设计产品所要求保护的内容提交有关图片或者照片。"对于立体产品而言，应当清楚表达出其三维形态的设计；对于平面产品，应当清楚表达出其二维的设计。这是对外观设计图片或者照片的原则性规定，不论产品整体的外观设计还是局部外观设计均应当遵循。

相对于产品整体外观设计而言，局部外观设计的清楚表达有许多不同之处，除了遵循上述与整体外观设计共同的规定外，《专利法实施细则》和《专利审查指南 2023》对局部外观设计的图片或者照片又作了进一步的规定。下面将从局部外观设计视图的表达方式和表达内容上对"清楚地显示要求专利保护的产品的外观设计"进行诠释。

一、视图的表达方式

外观设计图片或者照片，可以使用绘制的图片、拍摄的照片以及计算机生成的渲染图。通常采用正投影视图、立体图以及展开图、放大图、剖视图、剖面图、变化状态图等其他视图来呈现所要求保护的外观设计。除此之外，还可以提交使用状态参考图来表明使用该外观设计的产品的用途、使用方法或者适用场所等。对于局部外观设计而言，视图还应当能够明确区分要求保护和不要求保护的部分。

《专利法实施细则》第30条第2款的规定："申请局部外观设计专利的，应当提交整体产品的视图，并用虚线与实线相结合或者其他方式表明所需要保护的内容。"该条款规定了产品的局部外观设计的表达方式，包括虚线与实线相结合的方式和其他方式，无论以何种形式表达产品的局部外观设计，只要能够明确区分要求保护的部分与其他部分即可。

（一）虚线和实线相结合的方式

以虚实线相结合的方式表明需要保护的局部外观设计，是《专利法实施细则》第30条第2款明确规定的一种表达形式，通常应用在绘制的视图中，使用实线表达要求保护的局部，虚线表达不要求保护的部分。如果要求保护的局部与其他部分之间存在明显的产品结构线的，则实线作为要求保护局部和不要求保护部分的边界。如图6-2-1所示头戴式耳机连接部，要求保护的是耳机的耳罩与头戴的连接件，用实线绘制连接件，其他部分用虚线绘制，要求保护的连接件部分与其他部分的分界线就是连接件与头戴和耳罩的连接处。

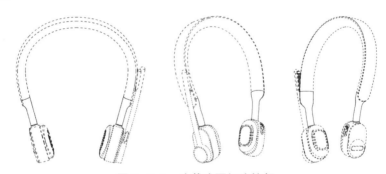

图6-2-1　头戴式耳机连接部

如果要求保护的局部与其他部分之间没有明确的结构线作为分界线，仅在功能上或者视觉上是可区分的，则应使用点划线绘制两部分之间的分界线，这时视图中的实线和点划线共同作为要求保护局部和不要求保护部分的边界，明确要求保护的局部设计的范围。如图6-2-2所示按摩器的按摩头，按摩头与其手柄是一体成型的，二者之间没有相应的结构线，但是二者具有不同的功能，且在视觉上很容易区分。因此，用实线绘制要求保护的按摩头部分，手柄部分使用虚线绘制，二者的分界线使用点划线绘制，该点划线就是要求保护的按摩头与其他不要求保护部分的分界线。这里需要说明的是，该点划线指的是单点划线，而非双点划线。

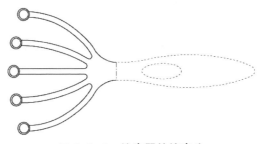

图6-2-2 按摩器的按摩头

需要注意的是，采用虚实线相结合表达局部外观设计的，应当注意线条尤其是虚线的表达要足够清晰，虚线线段与线段之间的间隔要足够大，不能用圆点代替虚线，从而明确区分出要求保护的部分与不要求保护的部分。一般来说，线条宽度应大于0.25mm，或根据图像的大小及线条的多寡在该区间内选择一个合适的线条宽度。若采用矢量绘图软件绘制，其分辨率应处于72dpi～301dpi之间，分辨率过小则图片模糊不清。

在绘制视图中以实线表示请求保护的局部设计，以虚线表示不要求保护的部分，是《专利法实施细则》第30条第2款规定的表达方式，也是在主要国家和地区通行的方式，如图6-2-3至图6-2-6所示美国、日本、韩国和欧盟已授权的局部外观设计。申请人以此种形式的申请作为优先权基础向其他国家提交外观设计申请或者通过海牙体系递交国际申请时，更容易得到目标国家或地区的认可。

图6-2-3 冲击电钻❶ 图6-2-4 耳机❷ 图6-2-5 牙签❸ 图6-2-6 鞋面❹

---

❶ 美国 US29/205423 Impact wrench。

❷ 日本 JPD2014-21959 イヤホン。

❸ 韩国 KR30-2009-0051648 이쑤시개。

❹ 欧盟 EM008484042 Footwear uppers。

（二）其他方式

其他方式，是指除了虚线与实线相结合的方式以外的方式表达局部外观设计。下述列举几种常见的表达局部外观设计的其他方式，供申请人参考。

1. 用背景色覆盖产品中不要求保护部分的方式

如图 6-2-7 所示汽车轿厢上部，用半透明的蓝紫色同时覆盖背景和不要求保护的部分，以突出显示要求保护的汽车轿厢上部，这时应在简要说明中写明"蓝紫色覆盖的部分不要求保护"。

图 6-2-7　汽车轿厢上部（彩图）

2. 用半透明层覆盖不要求保护部分的方式

如图 6-2-8 所示汽车车身前部，照片中的背景为白色，半透明蓝色覆盖产品中不要求保护的部分，这时应在简要说明中写明：蓝色覆盖的部分不要求保护。

图 6-2-8　汽车车身前部（彩图）

3. 用色彩区分的方式

对要求保护的局部和不要求保护的部分以色彩进行区分，可以用色彩表示要求保护的局部，也可以用色彩表示不要求保护的部分，或者将要求保护的局部和不要求保护的部分分别附着不同的色彩，这种情况需要在简要说明中说明要求保护的局部或者不要求保护的部分，从而明确局部外观设计要求保护的部分。对于采用以色彩表达要求保护内容的，需要说明该色彩是否为设计本身的内容。如图 6-2-9 所示汽车的车头，采用红色色块突出显示要求保护的局部，可在简要说明中写明"要求保护的局部为红色所示部分"。这时需要明确写出"红色"是否为设计本身的色彩。

图 6-2-9　汽车的车头（彩图）

4. 用虚实线与色彩覆盖相结合的方式

如图 6-2-10 所示鞋面装饰件，在以虚线和实线相结合的同时使用黄色色块涂覆装饰件，以此突出显示要求保护的局部。该视图已经不是单纯的虚线与实线相结合的方式表达局部外观设计，因此需要在简要说明中予以说明，即"虚线部分不要求保护"。

图 6-2-10　鞋面装饰件（彩图）

5. 用照片与虚线相结合的方式

如图 6-2-11 所示的剪刀把，采用绘制虚线与照片结合的方式表达局部外观设计，以照片表示要求保护的剪刀把，以虚线表示不要求保护的部分。这时也需要在简要说明中予以说明，如"虚线部分不要求保护"。

图 6-2-11　剪刀把（彩图）

以上仅为常用的表达局部外观设计的其他方式，在实践中并不限于这几种方式，只要能够清楚区分要求保护和不要求保护的部分，都可以被接受。不论以何种方式表达局部外观设计，对于同一件申请中的同一项设计，各个视图之间使用的表达方式应当一致。

二、视图表达内容

《专利法实施细则》第30条第2款规定："申请局部外观设计专利的，应当提交整体产品的视图，并用虚线与实线相结合或者其他方式表明所需要保护的内容。"《专利审查指南2023》第一部分第三章第4.4.2节规定："整体产品的视图应当清楚地显示要求专利保护的产品的局部外观设计及其在整体产品中的位置和比例关系。要求保护的局部包含立体形状的，提交的视图中应当包括能清楚显示该局部的立体图。"由此可见，局部外观设计的图片或者照片，除了要清楚显示所要求保护的局部设计的全部设计特征，还需要显示该局部所在整体产品的外观设计，以及该局部在整体中的位置和比例关系，这样才满足《专利法》第27条第2款中规定的"清楚地显示"要求专利保护的产品的外观设计的要求。

（一）清楚表达要求保护的局部

外观设计图片或者照片应当"清楚地显示"所要求保护的外观设计。对于局部外观设计来说，要求保护的局部是视觉可及部分的全面表述，只要是从外部能够看到的设计特征均需要清晰、准确地表达出来。

1. 视图表达要清晰

视图中要明确表达出要求保护和不要求保护的部分，并且区分的界限应当清晰。对于采用虚线与实线相结合方式表达局部外观设计的，需要注意虚线的线条间隔，线条间隔不宜过密，否则会与实线难以区分，导致要求保护的局部不清晰；对于要求保护的局部与其他部分之间没有明显的分界线而使用点划线的，同样应当注意线条的间隔。如图6-2-12所示水杯，要求保护的是水杯的杯口部分，用实线绘制，其他部分用虚线绘制，由于杯口部分与其他部分之间没有明显的分界线，因此用点划线进行区分。如果该外观设计的视图如图6-2-13所示，则其不能清楚地显示要求保护的局部。原因一是虚线部分绘制太密，与实线部分难以区分；原因二是区分要求保护的局部的点划线的画法不规范，容易让人理解为虚线。

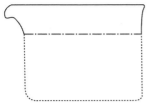

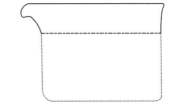

图 6-2-12 水杯的杯口（表达清晰）　　图 6-2-13 水杯的杯口（表达不清晰）

对于以色彩区分表达的，应当采用差异较大的色彩区分要求保护和不要求保护的部分。如果用半透明层覆盖的方式区分，通常只能用半透明层覆盖不要求保护的部分，若覆盖要求保护的部分容易导致要求保护的局部不清晰。半透明层的透明度要适中，透明度太高难以形成区分开的视觉效果，透明度太低可能导致整体外观设计表达不清楚。若对要求保护的部分涂色，以便区分要求保护的部分和其他部分，则涂色应当具有较高的透明度，以便能够表达要求保护部分的设计细节，且与其他部分明显区别开来。如图 6-2-14 所示的扫地机，要求保护的是扫地机的中部，其他部分用半透明的红色覆盖，视图既清楚地显示了要求保护的局部的设计细节，又能够明显区分出要求保护的部分与其他部分，而且整体外观设计也是清楚的。

图 6-2-14 扫地机的中部（彩图）

2. 视图表达要准确

以正投影视图表达外观设计时，正投影视图之间应当投影关系对应、比例一致；对于要求保护的局部包含三维立体形状的，应当提交能清楚显示该局部的立体图，并且与正投影视图表达的内容一致。对于正投影视图和立体图不足以清楚表达的，还应当提交放大图、剖视图、剖面图、变化状态图等其他视图，其他视图的表达可以参考我国机械制图国家标准的有关规定，并在视图名称中体现。视图中不能包含阴影线、指示线、中心线、尺寸线等影响要求保护外观设计表达的线条等。

如图 6-2-15 所示，要求保护的是杯子的杯身的局部外观设计，包含三维立体形状，设计要点涉及前、后、上、下、左、右各个面，这时需要提交投影关系对应的六面正投影视图和立体图，即主视图、后视图、俯视图、仰视图、左视图、右视图和立体图，清楚表达前部带有类似"6"字造型的凹凸设计的圆柱体杯体，满足了"清楚地显示"的要求。

如图 6-2-16 所示，要求保护的是电子钥匙的电子端的局部外观设计，包含三维立体形状，设计要点涉及前、后、上、下、左、右各个面，这时需要提交投影关系对应的六面正投影视图和立体图，即主视图、后视图、俯视图、仰视图、左视图、右视图和立体图，视图采用虚线和实线相结合的方式表达局部外观设计。可以看出，右视图与主视图之间在图中所示圆圈部位的投影关系不对应，未能满足"清楚地显示"的要求。

如图 6-2-17 所示轮胎的胎面，虽然要求保护的轮胎的胎面花纹仅位于轮胎的表面，但其实际上具有凹凸结构，仅提交主视图和立体图并不能真正清楚地表达轮胎胎面花纹，提交放大图和剖面图等其他视图，就能够清楚地显示要求保护的内容。

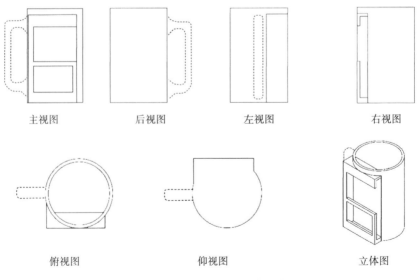

| 主视图 | 后视图 | 左视图 | 右视图 |

| 俯视图 | 仰视图 | 立体图 |

图 6-2-15　杯子的杯身

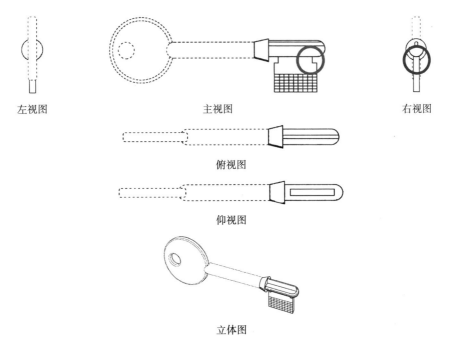

左视图　　　　　　　主视图　　　　　　　右视图

俯视图

仰视图

立体图

图 6-2-16　电子钥匙的电子端

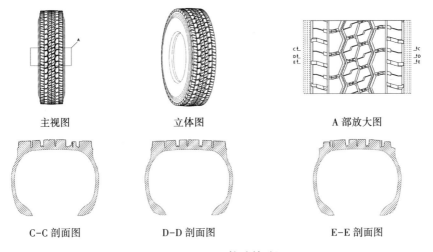

主视图　　　　　　立体图　　　　　　A 部放大图

C-C 剖面图　　　　D-D 剖面图　　　　E-E 剖面图

图 6-2-17　轮胎的胎面

　　如图 6-2-18 所示仿真机器手的拇指关节，其整体产品是可以模仿人手并能做出相应动作的机械手，要求保护的局部是机械手的拇指与手掌连接的关节部位。六面正投影视图和立体图，可以清楚表达拇指关节部分的一种状态；两个使用状态图，则进一步表达了要求保护的拇指关节部分的另外两种变化状态。这样就清楚表达了要求保护的仿真机器手的拇指关节的局部外观设计。

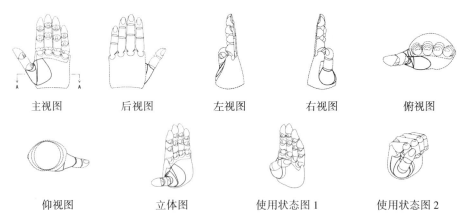

主视图　　　　　后视图　　　　　左视图　　　　　右视图　　　　　俯视图

仰视图　　　　　立体图　　　　使用状态图1　　　使用状态图2

图6-2-18　机器手的拇指关节

除此之外，申请人还可以提交参考图。参考图通常用于表明使用外观设计产品的用途、使用方法或者使用场所等。

如图6-2-19所示的螺钉的螺帽，申请人除了提交六面正投影视图和立体图外，还可以同时提交使用状态参考图，结合产品名称和简要说明确定整体产品的用途以及要求保护的局部在整体产品中的使用方法。这样不仅清楚表达了要求保护的局部的用途，还清楚表达了产品整体的用途，对确定产品的局部外观设计的种类具有重要意义。

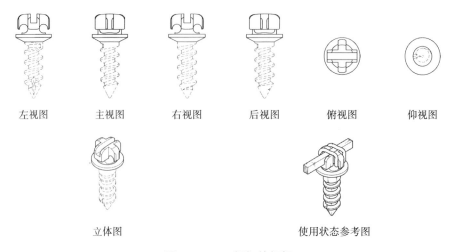

左视图　　　　主视图　　　　右视图　　　　后视图　　　　俯视图　　　　仰视图

立体图　　　　　　　　　　　使用状态参考图

图6-2-19　螺钉的螺帽

在此提醒申请人注意区分"使用状态图"与"使用状态参考图"的视图名称。使用状态图，也可以称为"变化状态图"，表达的是产品在使用过程中的不同状态，如图 6-2-20 所示的两个使用状态图与立体图相比，仅产品的状态发生了改变，并未增加新的设计内容，必然会对外观设计专利权的保护范围产生影响。而"使用状态参考图"主要用于表达产品使用场所或使用方法，为了说明产品的用途，包含要求保护的外观设计之外的内容。如图 6-2-21 所示使用状态参考图中显示的螺帽上的方柱和固定方柱的卡扣，这些内容仅是为了表达螺钉的螺帽的使用方法，说明要求保护的局部的用途，不在外观设计专利权的保护范围内，在确权和侵权程序一般不予考虑。因此，申请人一定要了解二者之间的区别，根据实际保护需要慎重确定对应的视图名称。

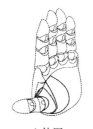  

立体图　　　使用状态图 1　　　使用状态图 2

图 6-2-20　仿真机器手的拇指关节

立体图　　　　使用状态参考图

图 6-2-21　螺钉的螺帽

（二）清楚表达局部所在整体产品的外观设计

表达整体产品的外观设计，是为了清楚显示要求保护的局部在整体中的位置和比例关系，这是局部外观设计的重要方面，也是局部外观设计确权和侵权判定的重要因素之一，一般只要清楚表达出要求保护的局部在整体中的位置和比例关系即可。某个正投影视图中仅显示了不要求保护的部分的，可以根据需要选择是否提交。如图 6-2-22 所示汽车的车头，申请人提交了主视图、左视图、右视图、俯视图和立体图，并且在简要说明中写明"底面在使用时不常见，省略仰视图"，未提交后视图。可以看出，上述视图虽然未表达汽车后部，没有完整表达出产品整体的外观设计，但是已经清楚表达了要求保护的汽车车头的外观设计，而且明确了该局部在整体产品中的位置和比例关系。因此，该外观设计图片或者照片及简要说明满足了局部外观设计"清楚地显示"的要求。

申请实务

中国局部外观设计专利申请实务

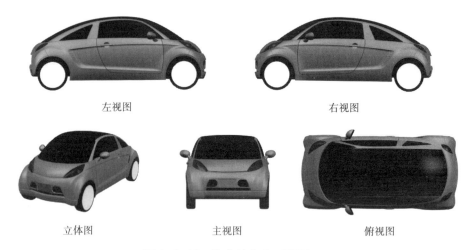

左视图　　　　　　　　　右视图

立体图　　　　　主视图　　　　　俯视图

图 6-2-22　汽车的车头（彩图）

如图 6-2-23 所示汽车的车头，如果仅提交立体图和主视图，虽然主视图和立体图表达了要求保护的汽车车头的设计，但整体产品不完整，因此无法确定要求保护的局部在整体中的位置、比例关系，不能满足局部外观设计"清楚地显示"的要求。

立体图　　　　　　　　　　主视图

图 6-2-23　汽车的车头（彩图）

如图 6-2-24 所示螺钉的螺帽，要求保护的局部是以实线绘制的螺帽部分。仅就要求保护的螺帽部分而言，其在主视图和后视图是对称的，左视图和右视图也是对称的。但是从螺钉的整体产品来看，其下部用虚线表示的螺纹部分，从左视图看螺纹下部有一个楔形缺口，其主视图和后视图之间以及左视图和右视图之间就不是对称关系。因此，可以提交如图中所示的六面正投影视图和立体图，也可以仅提交主视图、左视图、俯视图、仰视图和立体图，并在简要说明中说明"要求保护部分的后视图与主视图对称，省略后视图，要求保护部分的右视图与左视图对称，省略右视图"。这样也可以清楚表达要求保护的局部外观设计。

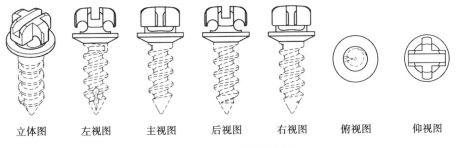

立体图　　左视图　　主视图　　后视图　　右视图　　俯视图　　仰视图

图 6-2-24　螺钉的螺帽

在局部外观设计专利申请中，提交的图片或者照片仍要满足视图投影关系对应、比例一致等基本要求。如图 6-2-25 所示，实线表达要求保护的是杯子的把手的外观设计，虚线表示的是不要求保护的杯体的外观设计。可以看出，在杯子底部的形状上主视图与右视图投影关系不对应，并且主视图与立体图表达不一致，虽然虚线表达的杯体不要求保护，但仍应满足清楚表达的要求。

主视图　　　　　　　　　右视图　　　　　　　　　立体图

图 6-2-25　杯子的把手

提交整体产品视图的目的是确定要求保护的局部在整体中的位置和比例关系，因此对于不包含要求保护部分的视图，可以根据需要决定是否提交。但是，如果提交不包含要求保护部分的视图，则其不应作为主视图。如图 6-2-26 所示，要求保护的是相机镜头装饰圈的局部外观设计，该局部位于相机的前部，从相机背面的角度看不到要求保护的镜头装饰圈，虽然提交全部都是虚线的后视图能够更清楚地表达整体产品的设计，但是无论是否提交后视图，均不影响对相机镜头装饰圈的外观设计以及装饰圈在整体产品中的位置和比例关系的清楚表达。如果提交了相机背面的视图，也不能选取其作为主视图。

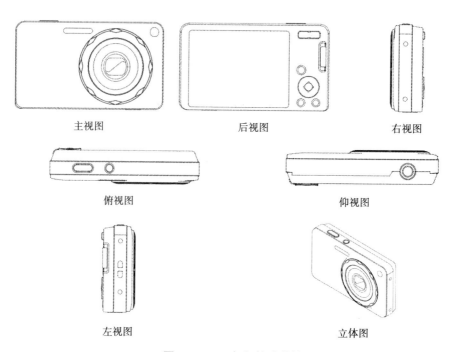

主视图　　　　　　　　　后视图　　　　　　　　右视图

俯视图　　　　　　　　　　　仰视图

左视图　　　　　　　　　　立体图

图 6-2-26　相机镜头装饰圈

提醒注意的是，在提交专利申请时，如何提交视图，应进行充分的考量。对于局部外观设计专利申请，只要清楚表达要求保护的局部及其在整体中的位置和比例关系即可。但是，在提出专利申请后，如果申请人在两个月的主动修改期限内调整要求保护的范围，或者在申请日起六个月内以要求本国优先权的方式调整保护范围，就要在提交局部外观设计专利申请时清楚表达产品的整体外观设计。

如图 6-2-26 所示相机镜头装饰圈，如果申请人提交了主视图、后视图、俯视图、仰视图、左视图、右视图和立体图，全面、清楚地表达了相机整体的外观设计，在两个月的主动修改期限内，申请人可以将要求的保护范围从镜头装饰圈修改为相机镜头、控制按钮等，也可以修改为整体外观设计。如图 6-2-27 所示汽车车尾下部，申请时提交的图片或照片没有显示汽车的车头部分，如果申请人在主动修改期限内改为要求保护汽车车头的外观设计，或者想以此作为本国优先权基础，提出汽车整体的外观设计专利申请或汽车车头的局部外观设计专利申请，均会因为汽车车头并未清楚显示在原图片或者照片中而不被接受。因此，申请人在提出局部外观设计专利申请时，在是否应表达整体产品的外观设计的问题上要充分考量。

左视图

主视图

立体图

图6-2-27　汽车车尾下部（彩图）

第三节　简要说明

简要说明是外观设计专利申请的必要文件之一。根据《专利法》第64条第2款的规定，简要说明可以用于解释图片或者照片所表示的该产品的外观设计。根据《专利法实施细则》第31条和《专利审查指南2023》规定，简要说明中有应当写明、必要时应当写明的内容，也有不能写明的内容，这是关于外观设计简要说明的一般性规定，无论是产品的整体外观设计专利申请还是局部外观设计专利申请均需要遵循。对于不能在简要说明中写明的"用商业性宣传用语"和"产品的性能内容"，在此不进行说明。下面将结合案例从应当写明的内容、必要时应当写明的内容两个部分进行说明，

一、应当写明的内容

根据《专利法实施细则》第31条的规定，外观设计的简要说明应当写明外观设计产品的名称、用途，外观设计的设计要点，并指定一幅最能表明设计要点的图片或者照片。因此，无论是产品整体外观设计专利申请还是产品局部的外观设计专利申请，简要说明均需要写明产品名称、产品用途、设计要点和最能表明设计要点的图片或照片。

（一）外观设计产品的名称

简要说明中的外观设计的产品名称应当与请求书记载的一致，对于产品名称具体的要求详见本章第一节，这里不再赘述。

（二）外观设计产品的用途

简要说明中的用途与产品名称一样，也是为了确定产品的种类。不论是

产品整体的外观设计还是局部外观设计，这里所说的产品的用途指的是整体产品的用途，不能以局部的用途代替整体产品的用途。对于局部外观设计来说，必要时才需要写明要求保护的局部的用途。如汽车把手的局部外观设计，这里必须写明的是汽车的用途，而把手的用途只有必要时才需要写明。

（三）外观设计的设计要点

设计要点是指与现有设计相区别的设计内容，体现了外观设计的设计创新。需要注意的是，局部外观设计专利申请的设计要点应当仅涉及要求保护的局部，需要避免提及不要求保护的部分。例如，可以写为"设计要点在于要求保护部分的形状"，或者"设计要点在于要求保护的×××部位"，不能写为"设计要点在于产品的整体形状"，更不能声明设计要点在于不要求保护的部位。

如图6-3-1所示汽车车尾下部，要求保护的是汽车后保险杠及其下部露出的排气管的外观设计，简要说明中的设计要点可以写为"在于汽车后保险杠及排气管管口"，而不能写为超出要求保护的局部，如"汽车后部"。

图6-3-1　汽车车尾下部（彩图）

（四）指定一幅最能表明设计要点的图片或者照片

指定的图片或照片用于出版公报。对于局部外观设计专利申请而言，指定的图片或者照片不仅应包含要求保护的局部外观设计，而且应该是最能清楚显示要求保护的局部的图片或照片。

二、必要时应当写明的内容

根据《专利审查指南2023》第一部分第三章第4.3节的规定，必要时在简要说明中应当写明：请求保护色彩或者省略视图情况、相似设计的基本设计、平面产品无限定边界的情况、细长物品的省略长度画法、透明材料或具有特殊视觉效果的新材料、用虚线表示图案等。《专利审查指南2023》第一部分第三章第4.4.2节中专门补充规定了局部外观设计专利申请的简要说明应当写明的内容。结合实践中的常见问题，以下列举四种需要注意的情形。

（一）用虚线与实线相结合以外的其他方式表示要求保护的局部外观设计的

根据《专利法实施细则》第30条第2款规定，局部外观设计可以采用虚线与实线相结合的方式表达，用实线表示要求保护的部分，用虚线表示不要求保护的部分，这也是其他国家和地区最为常见的局部外观设计表达方式。因此，采用虚线与实线相结合的方式表达局部外观设计，对要求保护的局部表达已经取得共识，不会产生歧义，因此无须在简要说明中进行说明。但如果采用虚线与实线以外的其他方式表达要求保护的局部外观设计，则需在简要说明中指明要求保护的局部，即在简要说明中写明要求保护的局部或者不要求保护的部分。对于采用以色彩表达要求保护内容的方式，会涉及视图中显示的色彩是否为要求保护内容的问题，因此在简要说明中以色彩表达要求保护的局部时，需要说明该色彩是否为设计本身的内容。若该色彩为设计本身的内容，并且要求将色彩要素纳入保护范围内的，则需要在简要说明中增加请求保护色彩的表述，如"请求保护的外观设计包含色彩"；若不要求色彩保护，则无须要在简要说明中说明。

如图6-3-2所示的汽车车尾、如图6-3-3所示汽车前部的外观设计，用透明蓝色覆盖不要求保护的部分，则应在简要说明中写明"要求保护的局部为未被蓝色透明层覆盖的部分"。

图6-3-2　汽车车尾（彩图）　　　　　图6-3-3　汽车前部（彩图）

如图6-3-4所示鞋面装饰件，用半透明的黄色覆盖要求保护的部分，此时应当在简要说明中对此进行说明，可以写明不要求保护的部分，如"虚线绘制的部分不要求保护"；也可以写明要求保护的部分，这时需要说明该色彩是否为设计本身的内容，如"要求保护的局部为黄色覆盖的部分，黄色并非设计本身的色彩"，或者"要求保护的局部为黄色覆盖的部分，黄色为设计本身的色彩，请求保护色彩"。

如图6-3-5所示剪刀握把，要求保护的握把部分采用照片形式表达，不要求保护的部分使用虚线绘制，也属于采用了虚线和实线相结合以外的其他方式，此时应当在简要说明中进行说明，可以表述为"要求保护的局部不包含虚线绘制的内容"。

图6-3-4　鞋面装饰件（彩图）

图6-3-5　剪刀握把（彩图）

（二）用点划线表示要求保护的局部与其他部分之间分界线的

使用实线与虚线表达局部外观设计时，如果要求保护的局部与其余部分之间没有明显的结构线，需要使用点划线表示出二者的界限。这时需要在简要说明中予以说明，明确要求保护的局部是由实线和点划线共同限定，避免产生歧义。如图6-3-6所示，要求保护的是盒盖顶部的外观设计，盒盖顶部与其他部分之间没有结构线，但从视觉上可以将要求保护和不要求保护部分区分开，就需要用点划线表达界限。这种情况下，应当在简要说明中写明"视图中的点划线为要求保护的局部与其他部分的分界线"。

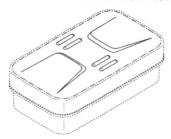

图6-3-6　便当盒盖顶部

（三）用虚线表示视图中的图案设计

在服装鞋帽类产品及布艺或皮质沙发等产品的视图中缝纫线的表现形式为虚线，还可能有图案中带有虚线的，当这样的缝纫线或者虚线图案要求局部外观设计保护时，就会与虚线表达不要求保护部分的虚线混淆，会与产品表面呈现的虚线图案产生混淆，难以清楚显示要求保护的局部的边界，这时需要在简要说明中予以说明。如图 6-3-7 所示 T 恤衫，视图中包含了缝纫线，是设计本身的内容，这时需要在简要说明中写明"领口、袖口和前片部位的间断线条为缝纫线，并非表示不要求保护部分的虚线。"

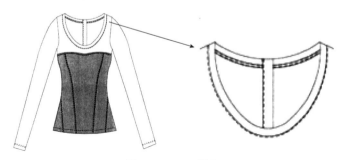

图 6-3-7　T 恤衫

对于局部外观设计视图中包含有缝纫线或者虚线图案的，为了避免混淆，建议不采用虚线绘制不要求保护的部分，而是采用其他方式表达不要求保护的部分。如图 6-3-8 中裙裤的搭片，可以采用绘制线条与色彩相结合的方式提交视图，在简要说明中写明"要求保护的局部为黄色半透明层覆盖的部分"。这时，尽管视图中包含了虚线和实线，也不需要在简要说明中对视图中的虚线进行说明，仅说明要求保护或者不要求保护的部分即可。

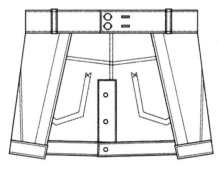

图 6-3-8　裙裤的搭片（彩图）

（四）对要求保护色彩的声明

色彩是确定外观设计保护范围的要素之一，对于局部外观设计专利申请，如果要求保护的局部外观设计包含色彩，应在简要说明中予以声明。但是，应当注意到，在区分要求保护的部分和不要求保护的部分时，有时也会使用带有色彩的半透明层或者色块涂覆的表达方式。若在简要说明中写明要求保护的局部时提及色彩，则需要说明该色彩是否为设计本身的内容。若该色彩为设计本身的内容，并且要求将色彩要素纳入保护范围内的，则需要在简要说明中增加请求保护色彩的表述，如"请求保护色彩"或者"请求保护的外观设计包含色彩"；若不要求色彩保护，则无须要在简要说明中说明。

如图6-3-8所示裙裤的搭片，以半透明的黄色显示要求保护的局部，简要说明中写明"黄色的两侧搭片是要求保护的局部"。这时需要说明该色彩是否为设计本身的内容，如果黄色为设计本身的色彩，还需要考虑是否将色彩纳入外观设计的保护范围内，若是纳入保护范围，可以写为"黄色的两侧搭片是要求保护的局部，黄色为设计本身的色彩，请求保护色彩"。若是不纳入保护范围，可以写为"黄色的两侧搭片是要求保护的局部，黄色不是设计本身的色彩"。

如图6-3-9所示咖啡壶的中部，要求保护的部分为咖啡壶中部黄色的部分，如果简要说明指出"要求保护的局部为黄色部分，黄色为设计本身的色彩""设计要点在于黄色部分的形状"，即要求保护的局部包含色彩要素。此时，色彩的使用不再单纯是为了区分要求保护的局部，而是属于设计内容的一部分并体现在了设计要点中，这时必须在简要说明中单独声明"请求保护的外观设计包含色彩"。若不要求保护该局部的色彩，则应修改简要说明，对于要求保护的部分可以修改为"要求保护的局部为灰色以外的部分"，设计要点可以修改为"设计要点在于非灰色部分的形状"。

图6-3-9　咖啡壶的中部（彩图）

第七章 涉及图形用户界面的
申请文件

图形用户界面于 2014 年 5 月被纳入外观设计专利的保护范畴时，只能与其所应用的电子产品一起获得整体外观设计的保护。《专利法》第四次修改建立局部外观设计保护制度以后，图形用户界面可以作为产品的局部获得外观设计专利的保护。

《专利审查指南 2023》第一部分第三章第 4.5 节规定，申请人可以以产品整体外观设计方式或者局部外观设计方式提交申请。鉴于图形用户界面设计的特点——界面设计与产品设计的弱相关性，以局部外观设计的方式提交申请将会成为图形用户界面保护的优选方式。

以局部外观设计的方式提交申请时，申请人可以选择带有或者不带有图形用户界面所应用产品两种方式。一方面，图形用户界面不属于传统意义上的"产品"，而专利法保护的外观设计必须以产品作为载体，因此图形用户界面必须以某种实体产品如手机、电脑等作为载体才能成为外观设计专利的保护客体；另一方面，图形用户界面通常具有很强的通用性，同一图形用户界面可以应用于多种电子设备，在寻求外观设计专利保护时就涉及载体的选择问题。为适应图形用户界面本身的特点和创新主体的保护需求，根据《专利审查指南 2023》的规定，申请人既可以以图形用户界面所应用的具体产品作为其载体，也可以以笼统的"电子设备"作为其外观设计的载体。体现在申请文件上，就是前述"申请人可以选择带有或者不带有图形用户界面所应用产品两种方式"。所谓"带有图形用户界面所应用产品"，是指申请文件中应当体现出图形用户界面所应用的产品，如视图中应当表达出图形用户界面所应用产品的形状，产品名称中应当包含图形用户界面所应用产品的名称。所谓"不带有图形用户界面所应用产品"，是指申请文件中不必体现出图形用户界面所应用的具体产品，仅在请求书中的产品名称和简要说明中表明该图形用户界面的载体为"电子设备"即可。

以不带有图形用户界面所应用产品的方式提交申请，能最大限度避免载体对界面保护范围的限制，因而将会成为申请人的首选。当然，如果申请人不仅需要保护图形用户界面，还需要保护图形用户界面在其所应用的产品中的位置和比例关系，则需要以带有图形用户界面所应用的具体产品的方式提交申请。由于涉及图形用户界面的外观设计专利申请的方式有多种，为厘清不同情形对应的不同申请方式，我们整理了涉及图形用户界面的外观设计专利申请的不同申请方式的要点，作为本书的附录 2，方便读者查阅参考。

为方便申请人有针对性地准备图形用户界面的局部外观设计专利申请文件，本章将根据图形用户界面设计所应用的两类载体分别介绍各自申请文件的要求。另外，鉴于图形用户界面存在多级界面、动态图形用户界面以及界面中包含内容画面等情形，本章第三节对其单独介绍。涉及图形用户界面的申请，作为外观设计专利申请的一种类型，本章主要关注其在申请文件方面的特殊性。本章未涉及的，参见本书第六章局部外观设计专利申请文件。

第一节　不带有图形用户界面所应用的产品

如果申请人仅要求保护图形用户界面本身，不希望图形用户界面所应用的产品限制其保护范围，可以以不带有图形用户界面所应用产品的方式提交外观设计专利申请。我们将这类图形用户界面称为"可应用于任何电子设备的图形用户界面"，有时也称为"以电子设备为载体的图形用户界面"，含义是相同的。在提交申请时，申请文件中不必明确其要求保护的图形用户界面所应用的产品是手机还是电脑或其他具体产品，而是可以统称其为"电子设备"。这样的方式，既符合目前的法律规定，又能最大限度满足创新保护的需要，在申请文件的准备方面也最为简单。

下面详细介绍以"电子设备"为载体的图形用户界面外观设计专利申请的申请文件。

一、请求书

对于涉及图形用户界面的外观设计专利申请，填写外观设计专利请求书时，申请人应特别关注其中的两项内容：一是局部外观设计选项的勾选；二是产品名称的填写。

（一）勾选"局部设计"项

以"电子设备"作为载体的图形用户界面外观设计专利申请，要求保护的是电子设备的一部分——图形用户界面，本质上属于局部外观设计专利申请。《专利审查指南 2023》中也明确规定，"局部外观设计方式包括带有或者不带有图形用户界面所应用产品两种方式"，即以不带有图形用户界面所应用产品方式提出的申请属于局部外观设计专利申请。因此，无论要求保护的是完整的图形用户界面还是图形用户界面的一部分，申请人都应当在请求书中勾选"局部设计"选项。

以"电子设备"作为载体的图形用户界面申请，外观设计图片或照片中仅有图形用户界面的视图，如果要求保护的是完整的图形用户界面，则视图中没有虚线、半透明层等表达"局部设计"的要素，容易让人从视觉上将其误解为整体外观设计专利申请。因此，申请人应特别注意请求书中"局部设计"选项的勾选。

（二）产品名称

根据《专利审查指南 2023》的规定，涉及图形用户界面的产品名称在满足一般外观设计产品名称总体要求的前提下，还要满足一些特殊的规定，与其他外观设计专利申请相比有着明显的不同。

概括地讲，对于应用于电子设备的图形用户界面，其产品名称除了应当符合一般外观设计产品名称的规定，还应当同时符合以下要求：

① 一般要有"图形用户界面"和"电子设备"字样的关键词。其中，"图形用户界面"既是该类申请产品名称的主题词，也是局部外观设计专利申请要求保护的局部的名称；"电子设备"是图形用户界面所应用的载体，也可以理解为局部外观设计专利申请产品名称中的"整体产品的名称"。

②写明图形用户界面的具体用途。这是《专利审查指南 2023》对涉及图形用户界面的产品外观设计专利申请的特殊要求。一般外观设计专利申请的产品名称没有要求写明其具体用途，我们通常根据其产品名称就能了解其用途，比如"汽车"的用途是作为一种交通工具。而对于涉及图形用户界面的专利申请，如果产品名称不写明其用途，则通常不能从中获得"用途"的信息，因此需要在产品名称中写明具体用途。

③以图形用户界面中的局部申请外观设计专利的，产品名称还应当写明

要求保护的局部。这项要求与局部外观设计专利申请对产品名称的要求是对应的。局部外观设计专利申请要求在产品名称中写明要求保护的局部，如果要求保护的是图形用户界面的一部分，在产品名称中也要体现要求保护的局部的名称。

如图 7-1-1 所示的图形用户界面，其产品名称可以填写为"电子设备的视频会议图形用户界面"，其中的"视频会议"表明了该图形用户界面的具体用途，"电子设备"表明了该图形用户界面所应用的产品，"图形用户界面"既是局部外观设计专利申请产品名称应当表明的要求保护的局部，又是该类申请必须具有的关键词。如图 7-1-2 所示的图形用户界面，要求保护的是其中的控制栏部分，因此其产品名称可以填写为"电子设备的音乐播放图形用户界面的控制栏"。

图 7-1-1　电子设备的视频会议
图形用户界面

图 7-1-2　电子设备的音乐播放图形
用户界面的控制栏

在实践中，申请人填写产品名称时容易出现两类问题：

一是产品名称中容易漏写图形用户界面的载体"电子设备"。如图 7-1-3 所示的图形用户界面，如果仅填写为"收银图形用户界面"就不符合要求，正确的应该是"电子设备的收银图形用户界面"。

二是产品名称中容易漏写图形用户界面的具体用途。如图 7-1-4 所示的图形用户界面，如果填写为"电子设备的图形用户界面"就不符合要求，正确的应该是"电子设备的空调控制图形用户界面"。图形用户界面的用途应当尽可能具体，能准确概括视图中图形用户界面的用途，如"电子设备的软件图形用户界面"中的"软件"一词，作为图形用户界面的用途通常就不够具体,应当写明图形用户界面的具体用途,如"电子设备的闹钟设置图形用户界面""电子设备的图片编辑图形用户界面"等。

图 7-1-3　电子设备的收银图形用户界面　　图 7-1-4　电子设备的空调控制图形用户界面

二、外观设计图片或者照片

《专利法实施细则》第 30 条第 2 款规定,申请局部外观设计专利的,应当提交整体产品的视图。以"电子设备"为载体的图形用户界面,只能以局部外观设计的形式提出申请,其"整体产品"即"电子设备",图形用户界面是电子设备的局部。那么,在这类申请的图片或者照片中,"电子设备"并没有确切的外形,如何表达"整体产品"呢?

对此,《专利审查指南 2023》第一部分第三章第 4.5 节给出了解决方案,即"申请人可以仅提交图形用户界面的视图"。显然,这有别于其他局部外观设计专利申请,即以图形用户界面或者图形用户界面的一部分作为"电子设备"的局部申请外观设计专利时,不必提交"整体产品"的视图,仅提交图形用户界面的视图就可以了。下面按要求保护完整的图形用户界面和要求保护界面中的一部分两种情形分别举例说明。

(一)要求保护完整的图形用户界面

要求保护的是完整的图形用户界面时,其与平面产品整体外观设计的视图提交方式类似,应当提交以实线绘制或者渲染等方式制作的图形用户界面视图。从视图提交方式来看,省略了对电子设备的表达,但本质仍然属于局部外观设计。此时,视图在表现形式上是不会出现虚线、半透明层等常规意义上表明其为局部外观设计的内容。如图 7-1-5 所示电子设备的号码通显示图形用户界面和图 7-1-6 所示电子设备的模拟遗产分配图形用户界面，要求保护的设计均为完整的图形用户界面，申请人仅需提交不带有产品载体的完整图形用户界面的视图即可。

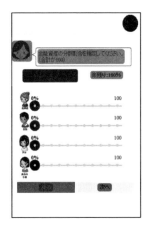

图 7-1-5　电子设备的号码通
显示图形用户界面

图 7-1-6　电子设备的模拟遗产
分配图形用户界面

（二）要求保护图形用户界面的一部分

如果要求保护的是图形用户界面的一部分，提交的视图应当表达出完整的图形用户界面设计，并用虚线与实线相结合或者其他方式区分要求保护的部分与其他部分。从视图提交方式来说，其与一般产品的局部外观设计视图提交方式基本相同，此时视图的表现形式上会有虚线、半透明层等。如图 7-1-7 所示电子设备的标尺选择图形用户界面的选项框和图 7-1-8 所示电子设备的滑翔控制图形用户界面的操作栏，要求保护的均为图形用户界面的一部分，申请人仅提交了图形用户界面的视图，其中前者采用虚实线相结合的方式区分要求保护的局部和其他部分，后者采用半透明层覆盖的方式区分，同时在简要说明中声明"粉色半透明层覆盖的为不要求保护的部分"。

需要说明的是，对于图形用户界面的外轮廓线，采用实线或虚线表示时，二者所表示的保护范围不同。其中，以实线绘制整体界面的外轮廓线，表示其要求保护的范围包括整体界面的形状，如图 7-1-9 所示电子设备的扫描图形用户界面，要求保护的是包括完整界面形状在内的所有设计特征；如图 7-1-10 所示电子设备的设置图形用户界面的操作图标，要求保护的是整体界面的形状以及界面上部的操作图标群组。如果以虚线绘制整体界面的外轮廓线，表示其要求保护的仅是某一局部的具体设计及其在整体中的位置、比例关系，如图 7-1-11 所示电子设备的设置图形用户界面的历史浏览图标，要求保护的是界面右侧的圆形图标设计及其相对整体界面的位置、比例关系。

图 7-1-7　电子设备的标尺
选择图形用户界面的选项框

图 7-1-8　电子设备的滑翔控制图形用
户界面的操作栏（彩图）

图 7-1-9　电子设备的扫描图形用户界面

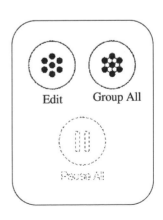

图 7-1-10　电子设备的设置图形
用户界面的操作图标

图 7-1-11　电子设备的设置图形用户界面的历史浏览图标

　　但是，如果申请人要求保护界面中的全部内容，则其界面的形状应当是确定的，其外轮廓应当是实线而不能是虚线。如图 7-1-12 所示电子设备的通讯录图形用户界面，要求保护的是界面的全部设计特征，正确的形式应该是左图所示，用实线绘制外轮廓，右图用虚线绘制界面的外轮廓是错误的，与要求保护界面的全部设计特征相矛盾。

正确的视图　　　　　　　　　　　　　　　　　错误的视图

图 7-1-12　电子设备的通讯录图形用户界面

三、简要说明

简要说明可以用于解释图片或者照片所表示的该产品的外观设计。在图形用户界面的外观设计专利申请中，简要说明扮演着重要的角色。对于一份外观设计专利申请，其简要说明通常可以分为应当写明的内容和必要时应当写明的内容。此外，涉及图形用户界面的外观设计专利申请，其简要说明撰写还有一些需要特别注意的地方，下面从三个方面分别介绍。

（一）应当写明的内容

《专利法实施细则》规定了外观设计简要说明中应当写明的四项内容，分别是使用外观设计的产品名称、产品的用途、设计要点以及指定一幅最能表明设计要点的图片或照片。对于涉及图形用户界面的外观设计专利申请，《专利审查指南 2023》中还规定了必须写明图形用户界面的具体用途。因此，以"电子设备"作为载体的图形用户界面外观设计专利申请，其简要说明中应当写明的内容有五项。

①产品名称：与请求书中填写的产品名称一致即可。

②产品用途：这里的"产品"指的是电子设备，无法填写具体的用途，因此《专利审查指南 2023》中规定可以写为"一种电子设备"。

③设计要点：以电子设备作为载体的图形用户界面申请，其设计要点不会涉及具体的电子设备，而是在于图形用户界面设计，应写明"设计要点在于图形用户界面"或者"设计要点在于图形用户界面的某部分"。撰写时需要特别注意的是，申请人不能在简要说明中详细描述设计要点，也不能说明设计思路、设计方法等，只要指出哪些属于设计要点就可以了。

④指定一幅最能表明设计要点的图片或照片：指定的视图用来出版专利公报，不会对外观设计专利权的保护范围产生影响。

⑤图形用户界面的用途：根据《专利审查指南 2023》的规定，涉及图形用户界面的外观设计专利申请，应当在简要说明中清楚说明界面的用途，且应当与产品名称中体现的用途相对应。如果要求保护的是图形用户界面的一部分，还应当在简要说明中写明要求保护的局部的用途。对于一般的局部外观设计专利申请，只有在必要的时候才需要写明要求保护的局部的用途，并不是强制的内容；但是如果要求保护的是图形用户界面的一部分，简要说明中必须写明要求保护的局部的用途。所以，这种情况下，一份外观设计简要说明中就会有三项与用途相关的内容：产品的用途、图形用户界面的用

途、要求保护的图形用户界面的局部的用途。实践中，申请人往往容易在撰写图形用户界面的用途时花费过多笔墨，写入一些不属于"用途"范畴的内容，详细内容将在本部分"（三）常见问题"中涉及。

（二）必要时应当写明的内容

除了前述五项，还有一些内容在必要的时候需要在简要说明中写明。

①要求保护的局部：以"电子设备"作为载体的图形用户界面外观设计专利申请属于局部外观设计专利申请，如果要求保护的是整个界面，申请人无须在简要说明中填写"要求保护图形用户界面整体"或者类似的话语。如果要求保护的是界面的局部，并且是用实线表示要求保护的部分、虚线表示其他部分，也不需要在简要说明中进行说明；但如果不是用虚线与实线相结合的方式进行区分的，则需要在简要说明中写明要求保护的部分与其他部分之间的区分方式，例如"要求保护红色部分的外观设计"或"灰色覆盖的部分不要求外观设计保护"。

②图形用户界面的人机交互方式：人机交互的交互方式很难通过视图表达，所以必要时应当在简要说明中对人机交互的方式进行说明，主要目的是确定要求保护的图形用户界面是否用于实现人机交互，因为"人机交互"是图形用户界面能够获得外观设计专利保护的核心要件。这里所说的"必要"，指的是结合一般消费者的常识不能确定图形用户界面是否有交互以及如何交互的情形。如果申请人不能确定是否"必要"，就可以在简要说明中写明图形用户界面的交互方式，比如"点击界面中间的图标可打开对应的应用程序"。人机交互的具体交互方式的实现主要与技术相关，不属于外观设计专利保护的内容。

③图形用户界面的变化过程：图形用户界面的变化过程是针对图形用户界面包含多个变化状态而言的，如果图形用户界面包含多个变化状态，必要时应当写明各界面之间的变化过程。这种情形将在本章第三节进行介绍。

（三）常见问题

相比一般的外观设计专利申请，图形用户界面类申请的简要说明撰写要求比较多，申请人容易忽视或者遗漏一些内容。根据实践经验，我们整理出申请中比较容易出现的一些问题，在此提醒申请人特别注意。

1. 对图形用户界面或者界面局部的用途描述不规范

对图形用户界面用途表述不规范的情形，通常有两类：一类是太笼统；另一类是太具体。太笼统或者太具体的用途描述，都不符合外观设计简要说明的简明、扼要的要求。

如图 7-1-13 所示电子设备的人脸信息采集图形用户界面，简要说明中对图形用户界面的用途描述为"用于人机交互和实现电子设备的功能"，这样的描述仅表明该图形用户界面是电子设备上进行人机交互的界面，相当于没有描述图形用户界面的用途。简要说明中图形用户界面的用途，指的是其具体用途，而不是泛泛的"用于人机交互"。同样，简要说明中要求包含图形用户界面的局部的用途时，也是指的其具体用途。本案例图形用户界面用途可以写成"用于人脸信息采集"。

图 7-1-13　电子设备的人脸信息采集图形用户界面

但是，对于图形用户界面用途的表述又不能过于具体，不能详细描述每个图标实现的具体功能。如图 7-1-14 所示电子设备的温控图形用户界面，简要说明中将图形用户界面用途描述为："主视图中图形用户界面上部文字菜单栏，菜单栏下分为三个区域，右侧为冰箱控制模式和锁定显示区；中部自右向左分别为急冻室温度调节杆、恒温室温度调节杆和冷藏室温度调节杆；左侧自上向下分别为冷藏室、恒温室和急冻室温度显示区。"可以看出，该简要说明中的"用途"实际上包含了界面设计说明和界面使用说明，虽然从中也能获知界面的用途是温度调控，但不符合简要说明"简明"的要求，所叙述的内容在主视图中已经呈现，不需要再进行一一描述。本案例界面用途可以写成"用于冰箱温度控制"。

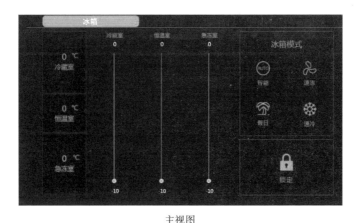

主视图

图 7-1-14 电子设备的温控图形用户界面

2. 对图形用户界面设计的描述导致保护范围不确定

如图 7-1-15 所示的电子设备的用户体验感知图形用户界面，如果申请人在简要说明中声明"图形用户界面中圆形为可变不限定形状"，就意味着申请人希望将方形、椭圆形等其他形状的任务图标也纳入保护范围，这在外观设计专利申请中是无法通过简要说明的描述来实现的。

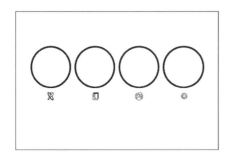

主视图

参考图

图 7-1-15 电子设备的用户体验感知图形用户界面

3. 简要说明中提及的内容与视图表达的外观设计不一致

如图 7-1-16 所示电子设备的翻译图形用户界面，简要说明在描述人机交互方式时写道："当用户点击主视图界面中的半透明圆形图标即可转入相应的界面。"但是，由于主视图采用的是线条图，并没有表达哪个圆形图标是半透明的，因此简要说明描述的内容与视图表达的外观设计不一致，导致整个外观设计申请文件并不能清楚地表示要求保护的对象。

主视图

图 7-1-16 电子设备的翻译图形用户界面

4. 简要说明中描述图形用户界面的人机交互方式不规范

图形用户界面根据其应用的场所不同可能会有一种或者多种人机交互的方式。如果有多种交互方式，通常情况下其多种交互方式应当是有限的、确定的。如图 7-1-17 所示电子设备的导航图形用户界面，简要说明写道："本申请中各图形用户界面人机交互操作的实现包括但不限于：用户通过在触摸屏上的触摸位置，或者通过所操作的鼠标、轨迹球、触控板或体感感应器等交互装置在屏幕上点击、悬停或辅助以键盘等来进行选中或移动操作。"上述内容包含了"点击""悬停""选中""移动"四种操作方式，还有"包括但不限于"的用语，明显与实际情况不符。

图 7-1-17 电子设备的导航图形用户界面

（四）简要说明案例

对于涉及图形用户界面申请的简要说明，我们再用两个案例进一步说明。

【案例 1】如图 7-1-18 所示，其产品名称为"电子设备的多媒体音乐播放图形用户界面"，该图形用户界面由主视图和变化状态图组成，要求保护的是完整图形用户界面。

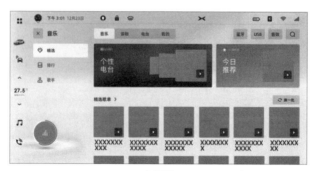

主视图

变化状态图

图 7-1-18 电子设备的多媒体音乐播放图形用户界面（彩图）

该案例的简要说明如下：

产品名称：电子设备的多媒体音乐播放图形用户界面

产品用途：一种电子设备

设计要点：在于图形用户界面

最能表明设计要点的图片或者照片：主视图

图形用户界面的用途：播放音乐

图形用户界面的变化过程：点击主视图中左下角的圆形图标，界面切换至变化状态图。

其他需要说明的情形：主视图和变化状态图中的灰色区域为内容画面。

上述案例的外观设计简要说明中，除了与请求书中一致的产品名称，还写明了产品的用途为"一种电子设备"，这是《专利审查指南2023》中推荐的写法；写明了设计要点"在于图形用户界面"，不仅指出了设计要点所在，同时也是涉及图形用户界面的产品外观设计能够以局部外观设计方式提出申请的前提条件；指明了最能表明设计要点的图片或照片，主视图用于出版专利公报；写明了图形用户界面的用途是"播放音乐"，该用途与产品名称中体现的用途一致。由于该案例包含界面的变化状态，因此在简要说明中写明了界面的变化过程；主视图和变化状态图中都有用灰色区域覆盖的内容画面，也在简要说明中进行了说明。该案例中人机交互的方式是一般消费者结合常识都能够理解的，且在界面变化过程中已有体现，因此不必再描述人机交互方式。

【案例2】如图7-1-19所示，其产品名称为"电子设备的记事本分类图形用户界面的分类区"，要求保护的是图形用户界面中的图形化分类列表区域。

该案例的简要说明如下：

> **产品名称**：电子设备的记事本分类图形用户界面的分类区
>
> **产品用途**：一种电子设备
>
> **设计要点**：在于图形用户界面中的分类区
>
> **最能表明设计要点的图片或者照片**：主视图
>
> **图形用户界面的用途**：对记事本内容进行分类
>
> **请求保护的局部的用途**：分类管理记事本内容
>
> **请求保护的局部的区分方式**：虚线绘制的内容属于不要求外观设计保护的部分
>
> **图形用户界面的人机交互方式**：点击三角形区域内的各图标可分别进入相应的页面。

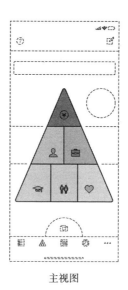

主视图

图 7-1-19　电子设备的记事本分类图形用户界面的分类区

上述案例的外观设计简要说明中，除了与请求书中一致的产品名称，还写明了产品的用途为"一种电子设备"；写明了设计要点"在于图形用户界面中的分类区"，指出了设计要点所在；指明了最能表明设计要点的图片；写明了图形用户界面的用途是"对记事本内容进行分类"，该用途与产品名称中体现的用途一致。由于该案例要求保护的是界面中的一部分，因此在简要说明中还写明了要求保护的局部的用途，该用途为"分类管理记事本内容"；虽然视图中不要求保护的内容用虚线绘制，但要求保护的部分除了实线还有色块，不属于"用虚实线相结合的方式区分要求保护的部分与其他部分"的情形，因此还需要在简要说明中写明要求保护的局部，即"虚线绘制的内容属于不要求保护的部分"。此外，还在简要说明中写明了其人机交互方式，即"点击三角形区域内的各图标可分别进入相应的页面"，不仅明确表达了要求保护的部分能够实现人机交互，不是单纯的图案，还明确了其人机交互的方式为"点击"。

第二节　带有图形用户界面所应用的产品

如果申请人需要在外观设计专利申请中清楚地显示图形用户界面设计在

186

其所应用的产品中的位置和比例关系，应当以带有图形用户界面所应用产品的方式提交申请。需要注意的是，带有或者不带有图形用户界面所应用产品这两种申请提交方式，其获得的外观设计专利权的保护范围会有所不同。以不带有图形用户界面所应用产品的方式提交申请的，其保护范围仅涉及图用户界面；而以带有图形用户界面所应用产品的方式提交申请的，其保护范围还会涉及界面在产品中的位置和比例关系。所以，在提交申请时，申请人可以根据需要选择不同的提交方式。

一、请求书

涉及图形用户界面的外观设计专利申请，填写外观设计专利请求书时，申请人仍应特别关注两项内容：一是局部外观设计选项的勾选；二是产品名称的填写。

(一) 勾选"局部设计"项

以带有图形用户界面所应用产品的方式提交的局部外观设计申请，无论要求保护的是完整的图形用户界面还是界面的一部分，申请人都应当在请求书中勾选"局部设计"选项。

当然，涉及图形用户界面的外观设计，申请人仍可以以整体外观设计的方式提交申请，此时不需要勾选请求书中的"局部设计"选项。

(二) 产品名称

以带有图形用户界面所应用产品的方式提交的申请，其产品名称应当写明图形用户界面所应用的具体产品、界面的具体用途、"图形用户界面"字样的关键词等。如果以界面中的一部分申请外观设计专利，产品名称还应当写明要求保护的局部的名称。所以，这类申请的产品名称通常为如下形式："产品+界面用途+图形用户界面"，或者"产品+界面用途+图形用户界面+局部"。

如图 7-2-1 所示，要求保护的是手表的图形用户界面，根据"产品+界面用途+图形用户界面"规则，该申请中图形用户界面所应用的产品为手表，界面的用途是时间设定，因此其产品名称可以填写为"手表的时间设定图形用户界面"。

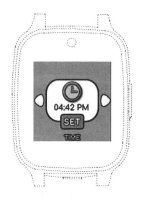

图7-2-1　手表的时间设定图形用户界面

如图7-2-2所示，要求保护的是照相机的图形用户界面的一部分，根据"产品+界面用途+图形用户界面+局部"规则，该申请中图形用户界面所应用的产品为照相机，图形用户界面用途是拍照，要求保护的局部为界面中的运动控制栏，因此其产品名称可以填写为"照相机的拍照图形用户界面的运动控制栏"。

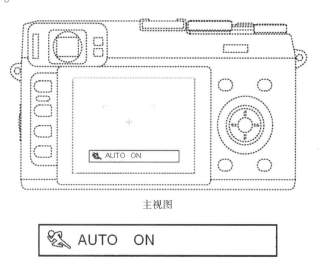

主视图

要求保护部分的局部放大图

图7-2-2　照相机的拍照图形用户界面的运动控制栏

另外，产品名称中写明的图形用户界面所应用的产品，应当与视图中体现的一致。如图7-2-3所示，如果其产品名称写为"手机的产权证打印图形用户界面"，就与视图表达的图形用户界面的载体不一致，因为视图显示的具体产品为显示器，而非手机。该案例的正确产品名称应当填写为"显示器的产权证打印图形用户界面"。

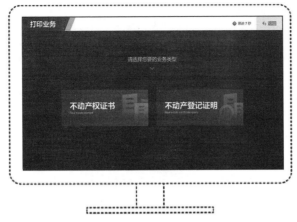

图 7-2-3　显示器的产权证打印图形用户界面

二、外观设计图片或者照片

通常，图形用户界面作为产品的局部时，其与产品在设计上关系并不密切，二者的联系主要体现在位置和比例关系上。如果以局部外观设计的方式保护图形用户界面，那么提交其所应用的产品的六面视图并不必要。因此，《专利审查指南 2023》规定，"申请人应当提交图形用户界面所涉及面的产品正投影视图"。即不要求提交的视图表达出其所应用的产品的三维形状，只要提交界面所涉及面的正投影视图即可，这样就能够表达界面在产品中的位置和比例关系。

需要注意的是，"图形用户界面所涉及面的产品正投影视图"并不一定意味着只有一幅主视图，如果图形用户界面显示于产品的多个面上，则需要提交多个面的正投影视图，而且这些视图之间的投影关系需要对应。

既然是局部外观设计专利申请，在视图形式上就要能够区分出哪些是要求保护的部分，哪些是其他部分。要求保护的部分与其他部分的区分方式，与一般局部外观设计专利申请的要求相同，申请人可以用虚实线相结合的方式区分，也可以用如半透明层覆盖其他部分等方式进行区分。

如图 7-2-4 所示手表的功能设置图形用户界面，仅需提交一幅清楚显示图形用户界面的手表的主视图即可。在主视图中，手表为图形用户界面所应用的产品，其轮廓用虚线表示，要求保护的图形用户界面部分使用渲染的效果图。同时应当在简要说明中写明"虚线所示为不要求保护的部分"。

图 7-2-4　手表的功能设置图形用户界面

　　如图 7-2-5 所示手机的系统控制图形用户界面，图形用户界面所应用的产品为手机，要求保护的图形用户界面显示在产品的四个面上，因此至少应当提交四个面的视图，即主视图、后视图、左视图和右视图，这四个面上显示的界面共同构成一个完整的图形用户界面，如界面展开图所示。

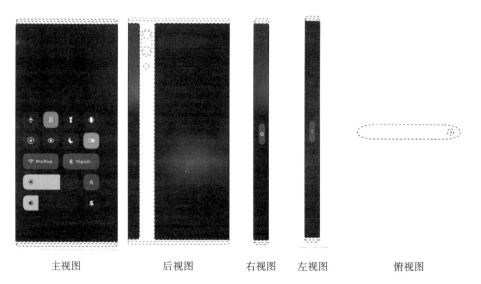

主视图　　　　　后视图　　　　右视图　　左视图　　　　俯视图

图 7-2-5　手机的系统控制图形用户界面（彩图）

界面展开图

图 7-2-5　手机的系统控制图形用户界面（彩图）（续）

如图 7-2-6 所示手机的通讯图形用户界面的键盘，图形用户界面所应用的产品为手机，用虚线绘制，要求保护的通讯图形用户界面中的键盘部分，因此键盘部分用实线绘制，图形用户界面的其他部分用虚线绘制。该图形用户界面仅位于手机的一个面上，仅提交一幅主视图即可。

主视图

图 7-2-6　手机的通讯图形用户界面的键盘

另外，如果图形用户界面在产品中所占比例较小，例如冰箱、洗衣机、打印机等产品上的图形用户界面，如果在产品的正投影视图中不能清楚地显示该图形用户界面，则应当以局部放大图的方式清楚表示图形用户界面。如图 7-2-7 所示复印机的系统控制图形用户界面，图形用户界面在主视图中所占比例较小，不能清楚显示，需要提交界面放大图。

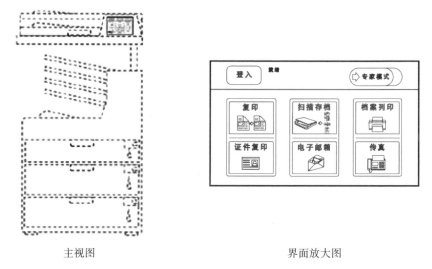

主视图   界面放大图

图 7-2-7　复印机的系统控制图形用户界面

三、简要说明

以带有图形用户界面所应用产品的方式提交局部外观设计专利申请，其简要说明的要求与本章第一节"不带有图形用户界面所应用产品"中对简要说明的要求基本一致，区别仅在于此处简要说明中产品用途需要填写图形用户界面所应用的产品的用途，而不能概括为"一种电子设备"。

【案例 3】如图 7-2-8 所示，其产品名称为"手机的充值图形用户界面"，该图形用户界面的载体为手机，要求保护手机中的完整图形用户界面，手机用虚线绘制，图形用户界面用渲染图的方式表达。

主视图

图 7-2-8　手机的充值图形用户界面

该案例的简要说明如下：

产品名称：手机的充值图形用户界面

产品用途：用于运行程序及通讯

设计要点：在于图形用户界面

最能表明设计要点的图片或者照片：主视图

图形用户界面的用途：用于电子钱包充值

请求保护的局部的区分方式：虚线绘制的内容属于不要求外观设计保护的部分。

上述案例的外观设计简要说明包括六项内容，除了与请求书中一致的产品名称，还写明了图形用户界面所应用的产品即手机的用途，"用于运行程序及通讯"；写明了设计要点"在于图形用户界面"，这是涉及图形用户界面的产品外观设计能够以局部外观设计方式提出申请的前提条件，如果申请人在设计要点中还写了"手机的形状"，则会导致申请的形式和视图提交方式均不符合《专利审查指南 2023》的规定；指明了最能表明设计要点的图片或照片；写明了图形用户界面的用途是"用于缴费支付"，该用途与产品名称中体现的用途一致；还写明了要求保护的局部，即"虚线绘制的内容属于不要求外观设计保护的部分"。

以带有界面所应用产品的方式提交局部外观设计申请，其简要说明还需要满足以下两个要求。

（一）必要时应当写明图形用户界面在产品中的区域

以电子设备为载体的图形用户界面申请，其视图中不包括具体产品，只有图形用户界面，因此对图形用户界面的边界不会有歧义。以带有图形用户界面所应用产品的方式提交的申请，视图中包括图形用户界面和产品，有的时候图形用户界面和产品在视图中不能明确区分开来，就需要借助简要说明的解释作用，在简要说明中进行说明。

如图7-2-9所示手机的应用锁图形用户界面，要求保护的是实线绘制的区域，该区域为手机的显示屏幕，且其中左上角位置有一个用虚线表示的不要求外观设计保护的跑道形部分，由于该部分位于手机显示屏幕中，导致可能被理解为其属于图形用户界面但不要求保护。实际上，该部分为屏幕挖孔后安装的摄像头。为了避免误解，可以在简要说明中写明"实线的圆角矩形框内为界面区域，但界面左上角跑道形虚线内为摄像头，不属于图形用户界面的一部分"。

图7-2-9　手机的应用锁图形用户界面

（二）避免在简要说明中增加图形用户界面所应用的产品种类

以具体产品作为载体的图形用户界面申请，由于其在产品名称和视图中已经体现了具体应用的产品，故不能在简要说明中增加图形用户界面所应用的产品。如图7-2-10所示手表的音乐播放图形用户界面，产品名称和视图都显示了其产品载体为手表，如果其简要说明写明"图形用户界面也可以用在计算机、平板电脑、手机上"，就不符合要求。如果该图形用

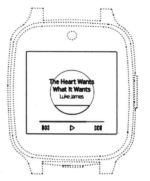

图7-2-10　手表的音乐播放
图形用户界面

户界面还可以用在除智能手表以外的电子产品上，并且申请人也想将保护范围延及这些产品，最好的办法是以电子设备作为其载体，以不带有图形用户界面所应用产品的方式提交申请。但是需要注意，这样做就不能表达图形用户界面在产品中的位置、比例关系。

第三节　涉及图形用户界面的其他情形

除了单一的图形用户界面外观设计专利申请，实践中还存在将多个界面作为一项外观设计提出外观设计专利申请的情况。一项图形用户界面设计包含多个界面时，我们称之为多级界面。此外，有的界面设计包含有动态的视觉效果，我们称之为动态图形用户界面。单一的图形用户界面的表达往往比较简单，多级界面或者动态图形用户界面由于各界面之间有层级关系或变化过程，用视图表达时就相对复杂。另外，图形用户界面中还常常包含有内容画面，而内容画面不属于外观设计专利保护的范畴，但其对于图形用户界面的清楚表达又有帮助，有时候甚至必不可少。因此，如何规范地使用内容画面来帮助图形用户界面的清楚呈现，也是准备申请文件时需要注意的。综上原因，本节将分别介绍上述三种图形用户界面。

一、多级界面

多级界面是相对于单一界面而言的，给予外观设计专利保护的多级界面是指用户通过点击、滑动等逐步操作，从某个界面逐级进入下一级界面，实现产品的一项具体用途的一组界面。针对多级界面，从保护客体的角度看，多级界面或者其中的某一个单一的图形用户界面，如果符合《专利法》第2条第4款的规定，都可以获得外观设计专利保护。申请人在提交外观设计专利申请时，是就各个单一图形用户界面分别提出申请，还是将实现某一具体功能的一组图形用户界面作为一个整体提出申请，需要申请人综合考虑。

对于包含多级界面的外观设计专利申请，通常需要关注两个方面：一是同一申请中的多级界面是否构成一项外观设计；二是在申请文件中如何清楚表达多级界面以及各界面之间的关系。多级界面构成一项外观设计的条件已在本书第四章第一节"三、涉及图形用户界面的一项局部外观设计"中述及，这里聚焦在申请文件中如何清楚表达多级界面。

对于包含多级界面的外观设计专利申请，在提交视图时，应当将实现人机交互的初始界面作为主视图，通过交互逐步呈现的界面作为变化状态图，并按照界面出现的顺序编号。

如图 7-3-1 所示的电子设备的音量设置图形用户界面，其主视图为交互前的初始画面，显示当前的时间。通过逐步点击操作，依次出现变化状态图 1、变化状态图 2、变化状态图 3，其变化过程表达了实现产品的设置音量这一用途时界面的完整变化过程。

  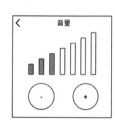

主视图　　　　　　变化状态图 1　　　　变化状态图 2　　　　变化状态图 3

图 7-3-1　电子设备的音量设置图形用户界面

涉及多级界面的外观设计专利申请的简要说明，除了本章前两节已经提到的内容外，需要注意的是，由于存在多个界面变化状态图，即使已经通过视图名称表明了界面变化的顺序，还是建议在简要说明中简明扼要地写明界面变化的过程和交互方式。

【案例 4】如图 7-3-1 所示，其简要说明的内容如下：

> **产品名称**：电子设备的音量设置图形用户界面
> **产品用途**：一种电子设备
> **设计要点**：在于图形用户界面
> **最能表明设计要点的图片或者照片**：变化状态图 3
> **图形用户界面的用途**：用于设置音量大小
> **图形用户界面的变化过程**：逐级点击操作，界面按照主视图、变化状态图 1~3 的顺序呈现。

简要说明中写明了图形用户界面的变化过程："逐级点击操作，界面按照主视图、变化状态图 1~3 的顺序呈现。"

涉及多级界面的外观设计专利申请，如果以带有界面所应用的产品的方式提交申请，提交的视图都可以为带产品载体的视图，也可以将主视图以带产品载体的形式提交，而其他变化状态视图仅显示图形用户界面。如图7-3-2 所示的手表的音量设置图形用户界面，主视图为带有产品载体的图形用户界面的视图，其中手表的轮廓用虚线绘制，在界面变化状态图1~3中，省略了手表的轮廓线，仅保留图形用户界面的视图。这种视图提交方式同样适用于动态图形用户界面。

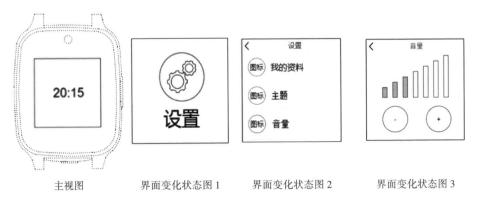

主视图　　　　界面变化状态图1　　界面变化状态图2　　界面变化状态图3

图7-3-2　手表的音量设置图形用户界面

二、动态图形用户界面

动态图形用户界面是相对静态图形用户界面而言的，作为图形用户界面中比较特殊的一类，其本质上类似于由多帧图像画面组成的视频动画类图形用户界面，在用户进行某一项交互操作后，图形用户界面会呈现出连续变化的动态画面。动态图形用户界面的变化过程，一般是连续的、不中断的，整个变化过程是确定的、唯一的。常见的动态图形用户界面有动画过程与转场效果，如杀毒程序运行过程中显示杀毒进度的界面。

动态图形用户界面的产品名称要有"动态"字样的关键词，例如"手机的天气预报动态图形用户界面"。

对于动态图形用户界面，申请人应当提交图形用户界面起始状态所涉及面的视图作为主视图，可以提交图形用户界面关键帧的视图作为变化状态图，所提交的视图应能唯一确定动态图形用户界面完整的变化过程。变化状态图的视图名称，应根据动态变化过程的先后顺序标注。

如图7-3-3所示的电子设备的拍摄动态图形用户界面，其中主视图为动态图形用户界面的起始状态，且动态图形用户界面是按照主视图→变化状态图1→变化状态图2→变化状态图3→变化状态图4的唯一顺序发生动态变化。

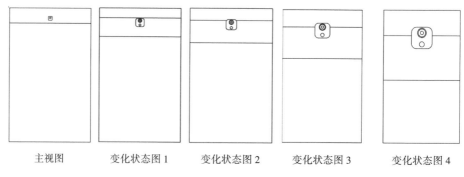

主视图　　　变化状态图1　　　变化状态图2　　　变化状态图3　　　变化状态图4

图7-3-3　电子设备的拍摄动态图形用户界面

　　为达到唯一确定动态图形用户界面的完整变化过程的目的，申请人应提供足够数量的关键帧视图。如果关键帧数量不够，就难以唯一确定从一个状态到另一个状态的变化过程。如图7-3-4所示的电子设备的名片管理动态图形用户界面，主视图为人机交互的起始界面，在点击其中部的名片后，该名片会按照顺时针的方向从正面翻转到背面。本申请提交了7幅视图，能够唯一确定该动态图形用户界面的完整变化过程。如果缺少了其中的"变化状态图3"，就难以确定界面的动态变化过程。当然，为了更好地理解界面的动态变化趋势，也可以适量增加中间变化过程的视图，如增加几个不同旋转角度关键帧的视图，但也不必提交过多的中间状态视图，能准确表明界面的动态变化过程即可。

　　针对动态图形用户界面，《专利审查指南2023》第一部分第三章第4.5.3节规定："专利局认为必要时，可以要求申请人提交表明动态图形用户界面变化过程的视频类文件。"该规定的出台，主要是考虑到随着技术的发展，动态图形用户界面设计越来越复杂，传统关键帧视图可能难以完美呈现其动态变化过程，因此必要时专利局可以要求申请人提交用于表明图形用户界面的动态变化过程的视频类文件。

　　需要特别注意的是，提交的视频类文件仅用于帮助审查员理解其视图中表达的动态界面，不能替代视图，在专利授权公告时也不会公告该视频类文件。因此，对于涉及动态图形用户界面的外观设计专利申请，申请人仍应当提交足够的关键帧视图来唯一确定其界面变化的过程。如果申请日提交的视图不能清楚地表达界面的动态变化过程，即使提交了视频类文件，也不能依据该视频类文件对申请日提交的视图作补充修改。

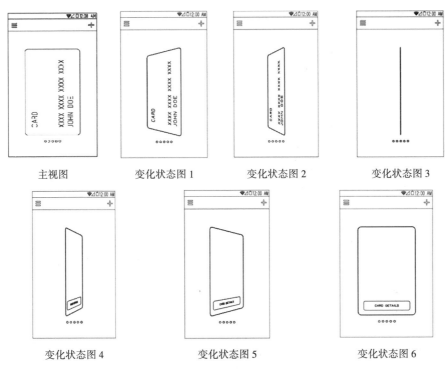

主视图　　　　　变化状态图 1　　　　　变化状态图 2　　　　　变化状态图 3

变化状态图 4　　　　　　变化状态图 5　　　　　　变化状态图 6

图 7-3-4　电子设备的名片管理动态图形用户界面

涉及动态图形用户界面的外观设计专利申请的简要说明，除了本章前两节已经提到的内容外，通常还应当写明图形用户界面的动态变化过程。如图 7-3-3 所示的案例，其简要说明的内容如下：

> **产品名称**：电子设备的拍摄动态图形用户界面
> **产品用途**：一种电子设备
> **设计要点**：在于图形用户界面
> **最能表明设计要点的图片或者照片**：变化状态图 3
> **图形用户界面的用途**：用于拍摄
> **图形用户界面的变化过程**：在主视图中向下滑动，界面按照"主视图→变化状态图 1→变化状态图 2→变化状态图 3→变化状态图 4"顺序发生动态变化。

简要说明写明了图形用户界面的动态变化过程：在主视图中向下滑动，界面按照"主视图→变化状态图 1→变化状态图 2→变化状态图 3→变化状态图 4"顺序发生动态变化。

三、包含内容画面的图形用户界面

我们通常把界面中出现的非设计内容称为"内容画面",这些内容画面并不属于图形用户界面设计的一部分,其往往是界面在使用状态下由外部输入或者推送而来的非固定的、可变化的内容。既然内容画面不是界面设计本身要保护的内容,根据《专利法》第 64 条第 2 款关于外观设计专利权保护范围的规定,不应当出现在外观设计专利申请的基本视图中。但是,如果外观设计专利申请的视图中将界面中的内容画面部分完全留白,有时候会让人对界面设计存在疑惑。因此,在涉及图形用户界面的外观设计专利申请视图中如何表示内容画面,需要遵循一定的规范。

对于图形用户界面中的内容画面,可以采用空白、"×"符号、单一色块、半透明层准确涂覆等形式来表示,且根据不同的表达方式还需要提交显示内容画面的使用状态参考图,以便清楚、准确地表达其要求保护的内容。下面是四种比较常见的内容画面的表达方式。

(一)用空白区域表示内容画面

最直接的表示内容画面的方式就是将内容画面删除予以留白,保持界面的原本设计状态,此时为明确该空白区的内容属性,通常还需要提交一幅参考图以准确地表达该界面的具体设计。如图 7-3-5 所示,主视图中部的四个矩形空白区即为删除内容画面后的情形,对于空白区的具体设计内容属性可以通过与之对应的参考图进行表达,同时可在简要说明中写明"主视图中 4 个矩形空白区域内为内容画面"。

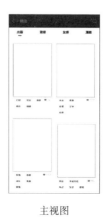

主视图   参考图

图 7-3-5　电子设备的书籍查看图形用户界面

（二）用"×"表示内容画面

在界面设计领域，用"×"符号表示图片内容的省略画法很常见，外观设计专利申请视图也可以借鉴这种方法。如图 7-3-6 所示，主视图中部有三行三列矩形框排布，内部用"×"符号表示其为内容画面。实际使用时矩形框内会显示与书籍内容相关的图片，但这些图片不属于要求保护的内容，提交一幅参考图可以更清楚地表达该界面最终呈现的效果。同时还可以在简要说明中写明"主视图中 9 个'×'区域内为内容画面"。

主视图　　　　　　　　　　　参考图

图 7-3-6　电子设备的个人空间图形用户界面

"×"符号除了用来表达省略的图片内容，也可以用来代替文字。当图形用户界面中出现文字内容，但这些文字的具体字形并不是设计要点时，可以用"×"符号表示（也可以用小方框"□"代替文字），这样可以表达文字在界面中的位置、比例关系和排版式样，如图 7-3-7 就是用"×"符号表示文字内容的案例。当然，界面中的文字也可以保持原样，文字的含义不会对外观设计专利权的保护范围构成限定，但文字中不能出现违反法律、社会公德或者妨害公共利益的内容。另外，如果文字属于界面设计的一部分，则其必须原样呈现，不能用"×"或者"□"替代，否则可能影响外观设计的清楚表达。

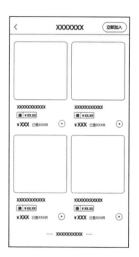

主视图   参考图

图 7-3-7　电子设备的购物图形用户界面

（三）用单一色块或者半透明层覆盖内容画面

要求保护的图形用户界面中如果有内容画面，还可以用单一色块或者半透明层覆盖的方式表明其不属于外观设计保护的内容。如图 7-3-8 所示，主视图左上角的圆形和中部及左下角的矩形框内部均用纯灰色块涂覆，表明其为内容画面，加上与之对应的参考图，清楚准确地表达了图形用户界面的设计。这种用单一色块或者半透明层覆盖内容画面的情形，需要在简要说明中写明"主视图中灰色覆盖的区域内为内容画面"。

主视图   参考图

图 7-3-8　电子设备的视频播放图形用户界面（彩图）

如图 7-3-9 所示，主视图左上方的圆形区域用半透明层遮蔽其中的头像，表明该圆形区域会显示头像，但头像的具体设计不是该外观设计专利申请要求保护的内容，应在简要说明中写明"主视图中左上角圆形区域内半透明层覆盖的为内容画面"。

主视图

图 7-3-9　电子设备的通讯录图形用户界面（彩图）

在图形用户界面的外观设计专利申请中，用单一色块或者半透明层覆盖内容画面都是可以的。二者的区别在于，用单一色块覆盖后，从界面的视图中无法知晓被覆盖处内容画面的类型，需要与参考图结合才能表明其为哪种类型的内容画面；用半透明层覆盖则仍能从视图中直接获知被覆盖处的画面类型，因此不用提交参考图。

（四）需要在视图中保留但要在简要说明中说明的内容画面

前面介绍了三种需对内容画面进行一定处理的表达方法，但是对于只有在视图中完整展现内容画面才能更直观地表达界面设计的情况，允许在视图中不对内容画面进行处理，仅需在简要说明中写明哪些属于内容画面即可。

如图 7-3-10 所示电子设备的导航图形用户界面，视图中的地图是作为衬托导航界面的背景，不是界面设计的内容，但地图的存在有助于准确理解界面设计，因此是必要的。此时地图作为背景，不适合使用上述方式来表达其为内容画面，因此可以在简要说明中写明"图形用户界面中的背景地图属于内容画面，不属于界面设计的内容"，这样既清楚表达了界面设计又明确了保护范围。当然，申请人也可以用不包括地图背景的单纯界面设计作为主视图，再提交一幅有地图背景的实际使用状态作为使用状态参考图，两幅图结合起来也能准确表达外观设计的内容，如图 7-3-11 就是这样的例子。

主视图

图 7-3-10　电子设备的导航图形用户界面（彩图）

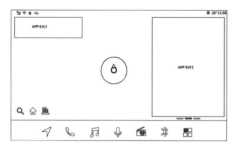

主视图

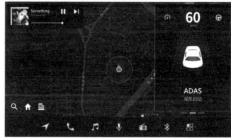

使用状态参考图

图 7-3-11　电子设备的导航图形用户界面

内容画面的处理方式有多种，申请人可以根据实际情况选用。

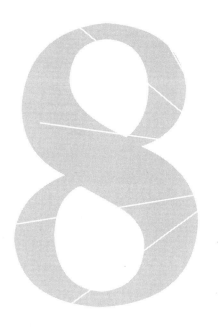

第八章 局部外观设计专利

申请文件的修改

《专利法》第 33 条规定："申请人可以对其专利申请文件进行修改，但是，对发明和实用新型专利申请文件的修改不得超出原说明书和权利要求书记载的范围，对外观设计专利申请文件的修改不得超出原图片或者照片表示的范围。"《专利法实施细则》第 57 条、第 66 条则规定了对申请文件修改的时机。

局部外观设计专利申请文件的修改原则和修改时机与整体外观设计专利申请完全一致，但是由于局部外观设计的图片或者照片表示的范围和要求保护的局部外观设计在整体产品中所占的范围往往不同，对局部外观设计的修改又有一定的特殊性。本章将结合案例对局部外观设计专利申请文件的修改原则和判断方法进行具体分析。相对于整体外观设计申请，局部外观设计申请的修改时机需要申请人给予特别关注。

第一节　申请文件修改的原则和判断

《专利法》第 33 条规定："对外观设计专利申请文件的修改不得超出原图片或者照片表示的范围。"因此，无论是对产品名称、图片或者照片，还是对简要说明的修改，都要以申请日提交的图片或者照片为基础。由于产品名称对于确定图片或者照片表示的外观设计所应用的产品的种类有重要作用，而简要说明可以对图片或者照片起到解释说明的作用，因此在判断修改是否超范围时，还要结合产品名称和简要说明的相关内容。对于要求优先权的申请文件，即使其在申请日提交了优先权副本，优先权副本中的图片或照片也不属于"申请日提交的图片或者照片"，因此优先权副本中的内容不能作为判断修改是否超范围的基础。

那么如何理解"原图片或者照片表示的范围"并进行判断呢？

一、申请文件修改的原则

在保护局部外观设计的主要国家和地区中，对局部外观设计的修改原则存在差异，大致可以分为两类：一类是以是否超出申请文件表示的范围为基准进行判断；另一类是以要求保护的范围是否发生变化为基准进行判断。美国和日本分别是这两类的代表。根据美国《专利审查指南》的规定，申请人可以对申请文件进行修改，只要未超出原申请文件表示的范围，要求保护的范围可以扩大或者缩小。日本则不允许对要求保护的范围作出修改，例如将虚线表示的不要求保护一部分内容改为用实线表示，要求保护的局部就属于超范围的修改。

在我国的申请和审查实践中，对申请文件的修改以申请日提交的图片或者照片表示的范围而非要求保护的范围为基准进行判断，即《专利法》第33条所规定的"对外观设计专利申请文件的修改不得超出原图片或者照片表示的范围"。因此，判断修改是否超范围并不以申请日提交的申请的保护范围为准，而是看修改后的内容是否在原图片或者照片中已表示；是否"已表示"仅与原图片或者照片表示的设计内容相关，而与要求保护的部位是否一致无关。因此，申请文件修改的原则是不得超出原图片或者照片"表示的范围"。

对于局部外观设计专利申请文件的修改，包括对产品名称、图片或者照片、简要说明的修改，同样要以申请日提交的图片或者照片表示的设计内容为基础。在产品名称和简要说明表达的内容与图片或者照片不一致时，要根据图片或者照片表示的设计内容修改产品名称和简要说明。需要说明的是，简要说明中如果表明省略的视图与已提交的视图相同或对称，视为该省略视图已提交，以此为判断基准。

二、对修改是否超范围的判断

《专利审查指南2023》第一部分第三章第10节进一步规定了如何判断修改超范围，即"在判断申请人对其外观设计专利申请文件的修改是否超出原图片或者照片表示的范围时，如果修改后的内容在原图片或者照片中已有表示，或者可以直接地、毫无疑义地确定，则认为所述修改符合专利法第三十三条的规定"。"修改后的内容在原图片或者照片中已有表示"和"可以直接地、毫无疑义地确定"这两个条件是递进的关系，即如果修改后的内容在原图片或者照片中已表示，可以直接判定不超范围。如果未表示，则继续判断是否可以直接地、毫无疑义地确定；如果可以，判定不超范围，反之则判定为超范围。换言之，两个条件均不满足时，可以判断为修改超范围。因此以下结合局部外观设计专利申请常见修改类型，具体分析上述两个条件。

（一）修改后的内容在原图片或者照片中已有表示

"在原图片或者照片中已有表示"是指修改后的设计内容已经在申请日提交的视图中表示过，即能够通过原图片或者照片能够准确判断出的外观设计的内容。如图 8-1-1 所示充电桩的主体，申请日提交了主视图、后视图、俯视图、右视图和立体图，如果申请人在申请日后补交了左视图，虽然在申请日未提交左视图，但立体图清楚表示了左视图所对应面的外观设计，可以判断左视图所显示的设计在原图片或者照片中已有表示，该修改没超出原图片或者照片表示的范围，属于不超范围的修改。但如果原申请中没有提交包含左视图所对应面的立体图，在申请日后补交左视图，则左视图表示的内容没有表示在原图片或者照片中，则补交的左视图超出了原图片或者照片表示的范围，属于超范围的修改。

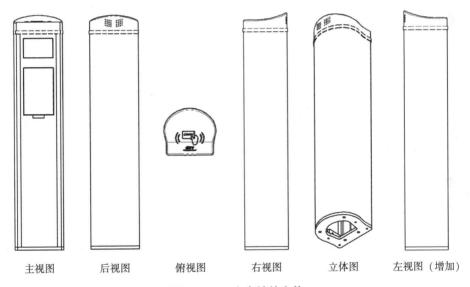

| 主视图 | 后视图 | 俯视图 | 右视图 | 立体图 | 左视图（增加） |

图 8-1-1　充电桩的主体

如图 8-1-2 所示的充电桩的主体，后视图上部有两组点状图案，左视图未绘制出上述点状图案，根据后视图和俯视图，可以判断补正的左视图符合投影关系，则补正的左视图未超出原始图表示的范围。

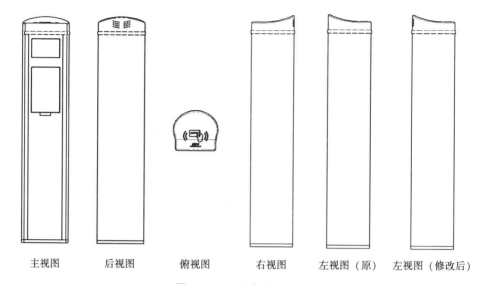

主视图　　　　后视图　　　　俯视图　　　　右视图　　　左视图（原）　左视图（修改后）

图 8-1-2　充电桩的主体

对于局部外观设计专利申请而言，典型的修改有三种类型，即将整体外观设计改为局部外观设计，将局部外观设计改为整体外观设计，将同一整体产品中的某一局部外观设计修改为另一局部外观设计。这三种修改都是改变了要求保护的部位，也就是所有设计内容均已在原图片或者照片中清楚显示的前提下，改变要求保护的范围。下面具体分析该三种典型修改类型。

1. 将整体外观设计修改为局部外观设计

申请人在设计一件新产品时，若创新点集中于某一区域，则该创新点集中的区域就对申请人尤为重要，若本来提交的是产品整体外观设计申请，则可将整体外观设计改为局部外观设计。如图 8-1-3 所示，申请提交的视图显示的是按摩器整体的外观设计，如果申请人认为按摩器头部的五爪设计属于其最重要的创新部位，想要重点保护按摩器头部的五爪设计，而将要求保护的按摩器的按摩头以实线绘制，手柄部分改为虚线，如图 8-1-4 所示。虽然视图中将实线修改为虚实线相结合的表达，要求保护的内容发生了改变，但二者均表达了相同的按摩器这一整体的外观设计，修改后的内容已经表示在原图片或者照片中，因此将产品的整体外观设计修改为局部外观设计未超出原图片或者照片表示的范围。

图 8-1-3　按摩器

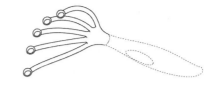

图 8-1-4　按摩器的按摩头

2. 将局部外观设计修改为整体外观设计

如果一件产品的整体设计有创新，但申请日提交的视图要求保护的是局部外观设计，申请人想改为保护产品的整体外观设计，在原图片或者照片已清楚表达整体外观设计的前提下，可以将要求保护的产品的局部外观设计改为整体外观设计。如图 8-1-5 所示，要求保护的是佩戴式移动电话的听筒，该部分为实线绘制，其他不要求保护的部分以虚线绘制。由于用虚线绘制的移动电话的其他部分完整清晰，已经清楚地显示了产品整体的外观设计，如果申请人将原图片或照片中的虚线改为实线，将要求保护的内容改为如图 8-1-6 所示的产品的整体外观设计，由于修改后的内容已经表示在原图片或者照片中，因此其修改也未超出原视图表示的范围。

立体图

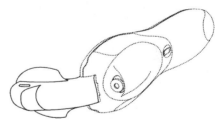

开盖状态立体图

图 8-1-5　佩戴式移动电话的听筒

立体图

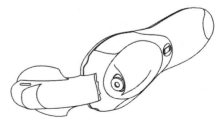

开盖状态立体图

图 8-1-6　佩戴式移动电话

211

3. 将同一整体产品中的某一局部外观设计修改为另一局部外观设计

对于产品多个局部均有创新的产品而言，申请人在原图片或者照片已清楚表达的前提下，可以将要求保护同一整体产品中的某一局部外观设计修改为要求保护该产品的另一局部外观设计。

如图 8-1-7 所示，要求保护的是实线绘制的相机顶部的快门等操作键所在面的条状区域的设计，而如图 8-1-8 所示要求保护的是其实线绘制的镜头外圈部分的设计。图 8-1-7 和图 8-1-8 所示的相机整体设计完全相同，区别仅在于一个要求保护的是相机的顶部面板，另一个要求保护的是镜头外圈，这时，如果申请人将要求保护的部分由相机的顶部面板的设计改为镜头外圈部分的设计，或者反之，其修改均未超出原图片或者照片表示的范围，因为修改后的内容均已经清楚表示在原图片或者照片中。

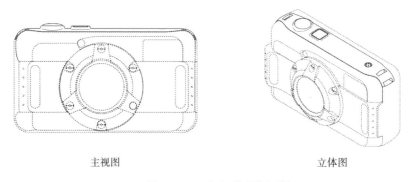

主视图　　　　　　　　　　　　　　　立体图

图 8-1-7　相机的顶部面板

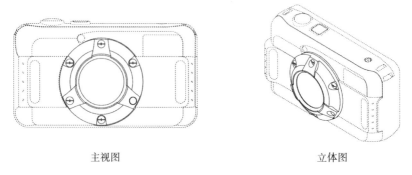

主视图　　　　　　　　　　　　　　　立体图

图 8-1-8　相机的镜头外圈

再如，如图 8-1-9 所示要求保护的是实线绘制的镜头中部的设计，图 8-1-10 所示要求保护的是实线绘制的镜头中后部的设计，图 8-1-9 和图 8-1-10 所示相机的整体设计完全相同，且均清楚表达了各部位的设计，两者仅存在要求保护的区域的区别。无论申请人是从图 8-1-9 所示的内容改为图 8-1-10，还是从图 8-1-10 改为图 8-1-9，其修改均未超出原图片或者照片表示的范围。

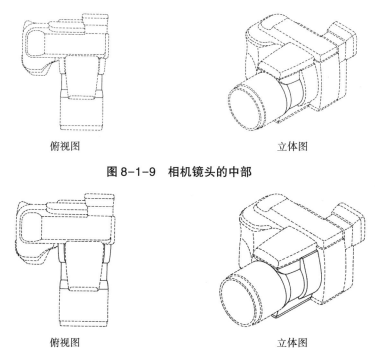

俯视图　　　　　　　　　　　　　　　　立体图

图 8-1-9　相机镜头的中部

俯视图　　　　　　　　　　　　　　　　立体图

图 8-1-10　相机镜头的中后部

综上，如果申请日提交的图片或照片已清楚表达产品的整体和各个局部的设计，无论是将要求保护的内容由整体改为局部还是将局部改为整体，或者是在不同局部之间的转换，只要修改后的内容在原图片或照片中已清楚表示，即属于不超范围的修改。需要提醒申请人注意的是，如果作出上述修改，在提交修改文件时，应该对使用外观设计的产品名称和外观设计简要说明，以及请求书中的"局部设计"选项等相关内容做适应性修改。

（二）修改后的内容能够直接地、毫无疑义地确定

"直接地、毫无疑义地确定"是指虽然申请日提交的视图并未直接表示，但是通过原图片或照片，结合一般消费者对该类产品的常识，能够直接地毫无疑义地确定出修改后的设计内容。

如图 8-1-11 所示眼镜腿，申请日未提交左视图，其他视图也未明确显示左侧眼镜腿的外侧设计。由于右视图和立体图已经显示了右侧眼镜腿外侧

的设计，根据一般消费者的常识可知，一般眼镜腿都是左右对称的，俯视图和仰视图也表明两个眼镜腿是对称设计的，因此增加左视图未超出原图片或者照片表示的范围。

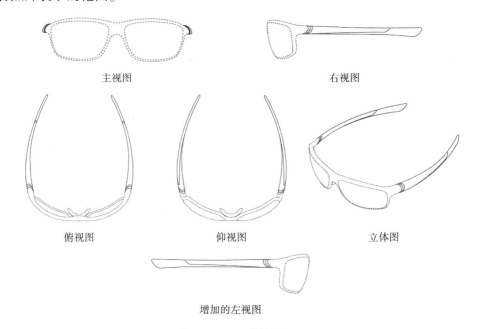

图 8-1-11　眼镜腿

三、常见的超范围修改

对于局部外观设计专利申请而言，无论是要求保护的局部，还是不要求保护的部分均在视图表示的范围之内，这就要求无论是要求保护的部分，还是不要求保护的部分，其设计特征均不能随意修改。如果修改后的内容既未在原视图表示过，也不能通过原视图直接地、毫无疑义地确定，该修改就属于超范围的修改。以下几种情形在局部外观设计专利申请中较为常见，均因其既未"在原图片或者照片中已表示"，也"不能直接地、毫无疑义地确定"，而被判断为超范围的修改。

（一）增加新设计内容

如果修改后的视图中出现了原视图未表示过的设计内容，无论新增的内容是否要求保护，均属于超范围的修改。

例如申请日提交的视图表达的产品的一个零部件，修改后的视图将其变为包含该零部件的局部外观设计，由于增加表示了该部件所应用的产品，虽然增加的内容是不要求保护的部分，但该内容并未在申请日提交的图片或者照片中表示过，属于增加新的设计内容，这样的修改属于超范围的修改。如图 8-1-12 所示的是桌子支架的整体产品的外观设计，而如图 8-1-13 所示的修改视图表达的是桌子支架的局部外观设计，增加了虚线表示的桌面和另一个支架，因原图片或者照片未表达过桌面及另一个支架的设计，因此其修改超出了原图片或者照片表示的范围，属于超范围的修改。

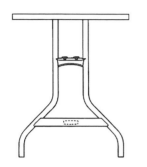

图 8-1-12　桌子支架（申请日）　　　　图 8-1-13　桌子支架（修改后）

反之，如果申请日提交的视图包含虚线表示的桌面（如图 8-1-13 所示），补正的视图删除虚线（如图 8-1-12 所示），仅保留桌腿的外观设计，假如修改后的视图显示出被虚线遮挡的部分的设计内容，因该部分内容未在原图片或者照片中显示过，也属于超范围的修改。需要注意的是，即使增加的图片（如图 8-1-13）作为参考图，因其设计内容未在原图片或者照片中表示过，并且不能直接地、毫无疑义地确定，也属于超范围修改。

如果申请日提交的视图显示要求保护的是如图 8-1-14 所示耳机的主体，修改后的视图在耳机的表面增加了虚线绘制的图案（如图 8-1-15 所示），该图案未在申请日提交的视图中表示过，并且不能通过申请日的图片直接地、毫无疑义地确定，因此该修改属于超范围修改。

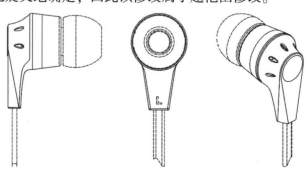

图 8-1-14　耳机的主体（申请日）

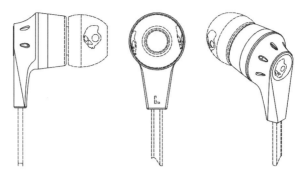

图 8-1-15　耳机的主体（修改后）

（二）改变不要求保护部分的设计

在实践中，申请人对要求保护的局部的形状、图案等不能随意改变有较为清晰的认识，但对不要求保护的部分则不够重视。如图 8-1-16 和图 8-1-17 所示的修改前后的两个水瓶下部外观设计，虽然实线表示的要求保护的局部设计相同，且要求保护的局部在整体中的位置比例均没有变化，但二者用虚线表示的不要求保护的部分的设计明显不同，既未在原图片或者照片中表示过，也不能通过原图片或照片直接地、毫无疑义地确定，因此改变不要求保护部分的设计属于超范围的修改。

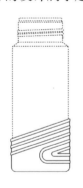

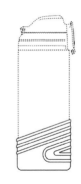

图 8-1-16　水瓶下部（申请日）　　　图 8-1-17　水瓶下部（修改后）

（三）改变要求保护的局部在整体中的位置或比例关系

实线表示的要求保护的局部和虚线表示的不要求保护的部分的设计均无变化，但是局部设计在整体产品中的位置和比例关系有明显变化，也属于超范围的修改。

如图 8-1-18 和图 8-1-19 所示的两个相机的镜头和闪光灯的局部设计，虽然实线表示的要求保护的局部设计和虚线表示的相机其他部分均无变化，但是要求保护的局部设计在整体产品中的位置和比例关系有明显变化，其修改的内容未在原图片或者照片中表示过，也不能通过原图片或者照片直接地、毫无疑义地确定，因此这样的修改也属于超范围的修改。

图 8-1-18　相机的镜头和闪光灯
（申请日）

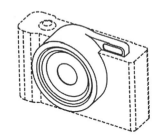

图 8-1-19　相机的镜头和闪光灯
（修改后）

第二节　从修改时机看申请文件的修改

根据《专利法实施细则》第 57 条第 2 款、第 3 款及第 66 条的规定，申请人自申请日起 2 个月内可以主动对外观设计专利申请提出修改；也可以在答复国务院专利行政部门发出的审查意见/补正通知书时对申请文件进行修改，还可以在提出复审请求和答复复审通知书时进行修改。无论产品的整体外观设计还是局部外观设计，申请人均可以在上述三个时机对其专利申请进行修改。

从修改的动机看，申请人对其申请文件的修改又可以分为主动修改和针对通知书的修改两种。因此对于局部外观设计专利申请文件的修改，将从这两个方面结合修改的时机进行解读。

一、申请人主动修改

前文提到过，允许申请人在一定的期限和范围内，对申请文件进行修改，可以看成对申请人在申请时提交文件失误的一种救济。建立局部外观设计保护制度后，这种救济对于申请人而言显得尤为重要。前述三种改变要求保护的范围虽然不属于超范围的修改，但修改的时机被严格限制在申请日起

2个月的主动修改期内。因此对于局部外观设计专利申请而言，2个月的主动修改期限是一个非常重要的时间节点。在2个月期限内的主动修改与超出2个月后提出的修改相比，可修改的内容有很大的不同，申请人对此应予以充分重视。

（一）在2个月主动修改期限内主动提出的修改

申请人主动提出的修改除了不能超出原图片或照片表示的范围，还必须在申请日后2个月内的主动修改期限内提出。

《专利法》关于主动修改期限的规定有一个变化过程。在1984年制定《专利法》时，并没有关于外观设计专利申请文件修改的规定。1992年修改《专利法》时增加了外观设计专利申请文件的修改原则，并在《专利法实施细则》中规定了外观设计专利申请主动修改的时机，即自申请日起3个月内可以对申请文件提出主动修改，从而确定了申请人对外观设计申请文件主动修改的权利，并明确了主动修改的期限。随着我国外观设计专利审查周期响应创新主体需求不断缩短，2000年第三次修订《专利法》时，将《专利法实施细则》中的主动修改期限由3个月改为2个月，2021年第四次修改《专利法》时没有再调整主动修改期限。现行《专利法实施细则》第57条第2款规定："实用新型或者外观设计专利申请人自申请日起2个月内，可以对实用新型或者外观设计专利申请主动提出修改。"这里所说的2个月的主动修改期限是法定期限，是不能依申请人请求延长的期限。

我国建立局部外观设计专利保护制度之后，创新主体在完成一项新设计时，可以根据产品设计的具体情况、产品线的战略布局，选择就产品整体还是局部以及针对产品的哪些局部申请外观设计专利的保护。基于先申请原则，创新主体往往希望在可能的情况下，拿到较早的申请日。但是在提交申请时，申请人对于如何申请更有利于产品设计创新的保护，可能还没有考虑得很周全；或者提交申请后，因为市场变化等原因，需要改变之前的申请策略。而2个月的主动修改期限恰好给申请人提供了考虑的时间和改变的机会。在主动修改期限内，允许申请人在不超出原图片或照片表示范围的前提下，改变请求保护的范围。

为了更好地利用这一制度，提交专利申请时应清楚地显示局部外观设计所在的整体产品的外观设计。无论一项申请是全实线表示的整体外观设计，还是实线与虚线结合或者其他方式表示的局部外观设计，申请人在主动修改期限内提出修改时，只要修改后的内容在原图片或者照片中已经清楚表示，

或者可以根据申请文件直接地、毫无疑义地确定，就不属于超出原图片或者
照片表示范围的修改。将图 8-2-1 所示的按摩器改为图 8-2-2 所示的按摩
器的按摩头，是将整体外观设计改为局部外观设计；将图 8-2-3 所示的佩
戴式移动电话的听筒改为图 8-2-4 所示的佩戴式移动电话，是将局部外观
设计申请改为整体外观设计申请；将图 8-2-5 所示的相机的顶部面板改为
图 8-2-6 所示的相机的镜头外圈，是将同一整体产品中的某一局部外观设
计修改为另一局部外观设计。这三种修改如果发生在 2 个月的主动修改期限
内，均可以被接受。

图 8-2-1　按摩器

图 8-2-2　按摩器的按摩头

图 8-2-3　佩戴式移动电话的听筒

图 8-2-4　佩戴式移动电话

图 8-2-5　相机的顶部面板

图 8-2-6　相机的镜头外圈

　　因此，无论申请人希望保护的是产品局部外观设计还是产品整体外观设
计，都建议申请人在提交申请时，尽可能在提交的图片或照片中清楚表达产
品的各个部位，以免在主动修改时面临修改超范围的难题。如图 8-2-7 所
示汽车车尾下部，虽然不提交右视图不影响要求保护的局部外观设计的表

达，但是如果申请人希望将局部外观设计改为产品整体的外观设计，则将面临困境。由于申请日提交的视图没有清楚表达汽车前部和顶部的外观设计，若在原图片或照片的基础上改为请求保护汽车整体的外观设计，将因为不符合《专利法》第27条第2款的规定，而无法得到授权；而如果在此基础上增加右视图和俯视图，则因其设计内容未在申请日提交的视图中表示过，并且不能直接地、毫无疑义地确定，而属于修改超范围，不符合《专利法》第33条的规定。

左视图

主视图

立体图

图 8-2-7　汽车车尾下部（彩图）

需要注意的是，无论申请人在主动修改期限内提出几次修改，将以申请人最后一次提交或者声明的文本作为审查的文本。

（二）超出2个月主动修改期限后主动提出的修改

根据《专利审查指南2023》第一部分第三章第10.1节的规定，对于超出主动修改期限的修改，如果该修改消除了原申请文件存在的缺陷，并且申请本身具有授权前景，则该修改文件可以被接受。这样的规定有利于节约审查程序，加快专利审批的速度。以下案例就属于消除原申请文件缺陷的修改，申请人即使在主动修改期限后提出，也可以被接受。

例如，原申请要求保护的局部外观设计在物理上分离，而且分离的部分之间在功能上或设计上没有关联，则上述分离部分因不符合单一性的原则，不能作为一项局部外观设计提出外观设计专利申请，即该申请因不符合《专利法》第31条第2款的规定而不能被授予专利权。对于这种情况，即使申请人不提出主动修改，审查员也会就该缺陷发出审查意见通知书，要求申请人进行修改。此时，对申请的修改属于为克服其申请存在的实质性缺陷的修改。对于这样的修改，即使超出了主动修改期限，因其消除了原申请文件存在的缺陷，在申请本身具有授权前景的情况下，属于可以被接受的修改。

如图8-2-8所示汽车的前脸及轮毂的局部外观设计专利申请，其用透明蓝色覆盖不要求保护的部分，未被透明蓝色覆盖的部分包括车前大灯、进气格栅及车前轮的轮毂。其中车前大灯与进气格栅在物理上相连，可以作为一项局部外观设计提出专利申请；但是车轮的轮毂与汽车前脸分别位于汽车的不同部位，也不存在功能上或设计上的关联，故两者不能作为一项局部设计提出外观设计专利申请。如果申请人在主动修改期限后，主动提交修改文件，删除其中一个局部，无论改为如图8-2-9所示的汽车的前脸，还是如图8-2-10所示汽车的轮毂，因为其修改消除了原申请文件存在不符合《专利法》第31条第2款规定的缺陷，都属于可以被接受的修改。

主视图   立体图

图8-2-8　汽车的前脸及轮毂（彩图）

主视图   立体图

图8-2-9　汽车的前脸（彩图）

主视图   立体图

图8-2-10　汽车的轮毂（彩图）

再如，原视图存在可以修改的形式缺陷，为克服该缺陷而进行主动修改，也属于可以接受的修改。如图 8-2-11 所示的运动鞋装饰件，原申请的视图中的线条绘制不规范，其不要求保护的部分使用点划线绘制，要求保护的局部的外轮廓没有全部用实线绘制，同时还存在阴影线。如果申请人主动提交绘制规范的修改视图，如图 8-2-12 所示，删除阴影线，将要求保护的外轮廓全部用实线绘制，将不要求保护的部分用虚线绘制，即使超出了申请日起 2 个月的主动修改期限，因其修改消除了原申请文件存在的缺陷，并且该申请本身具有被授权的前景，也属于可以接受的修改。

图 8-2-11　运动鞋装饰件　　　　图 8-2-12　运动鞋装饰件
（原视图）（彩图）　　　　　（修改后的视图）（彩图）

但是申请人要特别注意，将图 8-2-13 所示的按摩器改为图 8-2-14 所示的按摩器的按摩头，将图 8-2-15 所示的佩戴式移动电话的听筒改为图 8-2-16 所示的佩戴式移动电话，将图 8-2-17 所示的相机的顶部面板改为图 8-2-18 所示的相机的镜头外圈，均不属于消除原申请文件缺陷的修改。原因在于将要求保护的范围由整体改为局部、由局部改为整体或者由一个局部改为另一个局部，都是基于申请策略变化的修改，并非消除原申请文件缺陷的修改。因此，如果申请人在主动修改期限后再提出此类修改，将不会被接受。

 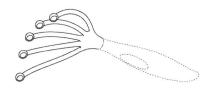

图 8-2-13　按摩器　　　　　　图 8-2-14　按摩器的按摩头

图 8-2-15　佩戴式移动电话的听筒

图 8-2-16　佩戴式移动电话

图 8-2-17　相机的顶部面板

图 8-2-18　相机的镜头外圈

综上，如果申请人在提交申请后，需要将整体外观设计修改为局部外观设计或反之，或将同一整体产品中的某一局部外观设计修改为另一局部外观设计，应在 2 个月的主动修改期限内提出修改。超出 2 个月的主动修改期限后，申请人再提出这类修改将不被接受。

在主动修改期限后，若申请人确实有上述需求，建议利用本国优先权制度，在原申请的申请日起 6 个月内就相同主题提出新的外观设计专利申请，并要求在先申请的优先权。

需要注意的是，根据《专利法实施细则》第 37 条的规定，要求外观设计专利申请的本国优先权，其在先申请自后一申请提出之日起即被视为撤回。因此，如果申请人想同时保护在先申请要求保护的内容，可以再提出两件或两件以上的新申请，均以在先申请为基础要求本国优先权，其中一件新申请可与在先申请完全相同，其他申请则可以根据需要确定不同的保护范围。

二、针对通知书指出的缺陷进行修改

在专利申请的审查过程中，由于申请中存在形式缺陷或明显实质性缺陷，申请人会收到补正通知书或者审查意见通知书。根据《专利法实施细则》第 57 条第 3 款的规定，申请人在收到国务院专利行政部门发出的审查意见通知

中国局部外观设计专利申请实务

书后对专利申请文件进行修改的，应当针对通知书指出的缺陷进行修改。

申请人可以为克服通知书所指出的缺陷对申请文件进行修改，但其修改仍然会受到一定的限制。该限制与对整体外观设计的要求无异，即首先应该针对通知书指出的缺陷进行修改，其次不能超出原图片或者照片表示的范围。

如果申请人在答复补正通知书或者审查意见通知书时，提交的修改文件超出了原图片或者照片表示的范围，因该修改不符合《专利法》第33条的规定，申请人会收到指出该缺陷的审查意见通知书。申请人陈述意见或补正后仍然不符合规定的，审查员将依据《专利法实施细则》第50条第2款的规定对该申请作出驳回决定。

如果申请文件还存在通知书未指出的缺陷，而申请人不仅针对通知书所指出的缺陷进行修改，也可以对通知书未指出的缺陷进行修改，只要其修改符合《专利法》第33条的规定，且是为了消除原申请文件存在的缺陷，就可以被视为是针对通知书指出的缺陷进行的修改，经此修改的申请文件可以被接受。如图8-2-19所示修改错误的线条，属于消除原申请文件缺陷的修改，审查员会以申请人提交的补正文件为基础继续审查。

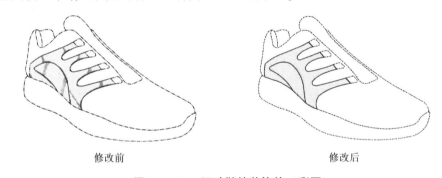

修改前　　　　　　　　　　　　　　修改后

图8-2-19　运动鞋的装饰件（彩图）

但是，如果申请人在答复通知书时，将整体外观设计修改为局部外观设计或反之，或将同一整体产品中的某一局部外观设计修改为另一局部外观设计，则不能视为是针对通知书指出的缺陷进行的修改，理由与前文对超出主动修改期限的修改所作论述相同，此处不再赘述。

如图8-2-20所示台灯的灯座主体，因为实线表示的部分不能构成完整的设计单元（箭头所指位置是虚线），申请人会收到该申请不符合《专利法》第2条第4款的规定的审查意见通知书。如果申请人通过把部分虚线描实以克服该缺陷（如图8-2-22所示），因其实线表示要求保护的局部范围发生了变化，该修改不能被接受。若申请日提交的视图如图 8-2-21 所示（箭头所指位置是实线），其表示的区域实际上已经构成了完整的设计单元，但要求保护的局部在靠近底部的界线未采用实线绘制，而是采用了虚线绘制，属于视图的绘制不规范，如果申请人通过将台灯灯座主体下部边界线由虚线改为实线（如图 8-2-22 所示），以克服原视图的缺陷，其要求保护的局部的范围并未发生变化，该修改可以被接受。

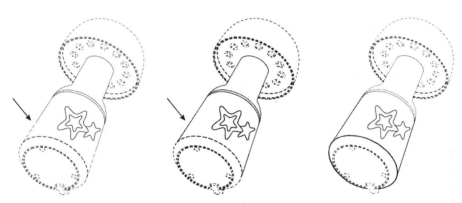

图 8-2-20　台灯灯座主体 1　图 8-2-21　台灯灯座主体 2　图 8-2-22　台灯灯座主体 3

如图 8-2-23 所示，如果申请日提交的申请文件中的产品名称为包装盒的正面，并在简要说明中说明深蓝色覆盖的部分不要求保护，因其要求保护的局部实质上为单纯图案，属于《专利审查指南 2023》第一部分第三章第 7.2 节第（11）项中不授予外观设计专利权的情形，因此申请人会收到该申请不符合《专利法》第 2 条第 4 款的规定的审查意见通知书。如果申请人将产品名称改为包装盒，并删除简要说明中关于不要求保护部分的文字，改为要求保护包装盒整体，该修改不能被接受。

图 8-2-23　包装盒的正面（彩图）

如果申请人答复审查意见时出现上述不予接受的情形，审查员会发出审查意见通知书，通知申请人该修改不符合《专利法实施细则》第 57 条第 3 款的规定，并要求申请人在指定期限内提交符合规定的修改文本。如果到指定期限届满时，申请人所提交的修改文本仍然不符合《专利法实施细则》第 57 条第 3 款的规定或者出现其他不符合该规定的内容，审查员将针对修改前的文本继续审查。

　　综上，对于我国的局部外观设计专利申请人来说，以 2 个月的主动修改期限为分界点，在主动修改期限内的主动修改与超出主动修改期限后提出的主动修改和答复通知书的修改，可修改的内容有很大的不同，申请人对此应予以充分重视。为了利用好主动修改期限内的修改机会，给调整保护范围留下足够空间，申请日提交的视图不仅要清楚表达要求保护的局部，也要清楚表达局部所在的整体产品。超出主动补正修改期限后，如果有必要对要求保护范围进行调整，可借助我国的本国优先权制度在申请日起六个月内实现修改。

附录 1　局部外观设计专利申请的示例

申请局部外观设计专利的，除了满足外观设计专利申请的一般性规定外，还应满足关于局部外观设计专利申请的视图表达和简要说明撰写方面的相应规定。

1. 使用虚线与实线结合方式的表达

 【案例1】盒子的提手

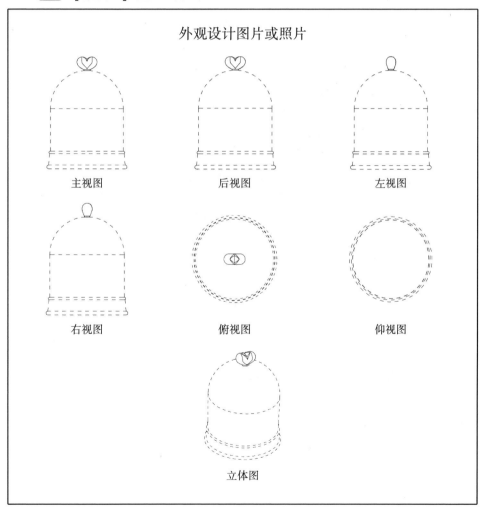

续表

简要说明
1. 外观设计产品的名称：盒子的提手。 2. 外观设计产品的用途：盒子用于放置物品。 3. 外观设计的设计要点：在于盒子提手部分的形状设计。 4. 最能表明设计要点的图片或照片：立体图。

☆ **要点说明：**

①在视图中，要求保护和不要求保护的部分之间有明确的轮廓线作为分界线的，可将要求保护的局部用实线绘制，不要求保护的部分用虚线绘制，并且实线和虚线所表达的内容在各视图中应当一致。

②要求保护的局部包含立体形状的，提交的视图中应当包含能清楚显示该局部的立体图，并且与正投影视图表达一致。

③采用虚线和实线相结合方式表达的，一般不需要在简要说明中对要求保护的部分或者不要求保护的部分进行说明；但是虚线具有其他的含义，如缝纫线等情况的，则需要在简要说明中对其进行说明。

【案例2】纺织机用经纱保持棒的中部

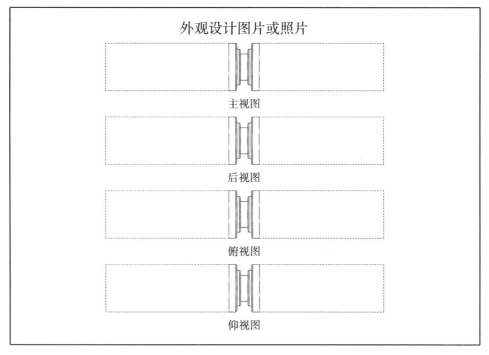

外观设计图片或照片

主视图

后视图

俯视图

仰视图

续表

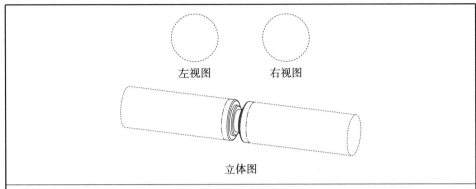

立体图

简要说明

1. 外观设计产品的名称：纺织机用经纱保持棒的中部。
2. 外观设计产品的用途：纺织机用经纱保持棒属于纺织机的零部件，用于控制纱线走向。
3. 外观设计的设计要点：在于实线部分的形状。
4. 最能表明设计要点的图片或照片：主视图。
5. 点划线为要求保护部分和不要求保护部分之间的边界线。

☆**要点说明：**

①在视图中，要求保护和不要求保护的部分之间没有明确的结构线，需要用点划线绘制出两部分之间的分界线。

②使用点划线绘制的，应当在简要说明中对点划线情况予以说明。

③使用虚线绘制外观设计不要求保护的部分，也应当满足投影关系对应、表达一致的要求。当虚线绘制部分对实线部分形成遮挡时，应根据实际情况进行绘制。因此在该案例中，产品的左视图、右视图外边缘均为虚线。

【案例3】包装瓶的瓶身中部

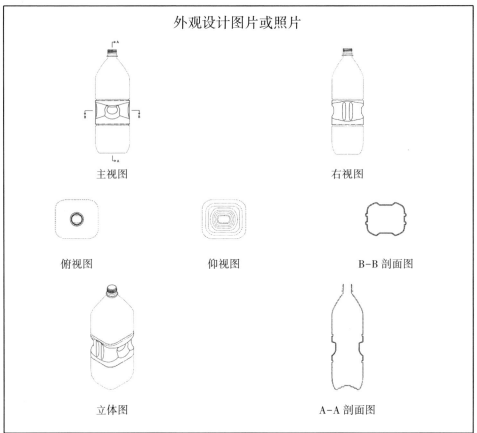

外观设计图片或照片

主视图

右视图

俯视图

仰视图

B-B 剖面图

立体图

A-A 剖面图

简要说明

1. 外观设计产品的名称：包装瓶的瓶身中部。

2. 外观设计产品的用途：整体产品用于盛装液体，请求保护的局部用于装饰及握持包装瓶。

3. 外观设计的设计要点：在于实线部分的形状。

4. 最能表明设计要点的图片或者照片：立体图。

5. 除瓶口部分外，后视图与主视图对称，省略后视图；左视图与右视图对称，省略左视图。

☆要点说明：

①在正投影视图和立体图无法清楚表达所要求保护的产品的外观设计时，还应当提交展开图、剖视图、剖面图、放大图、使用状态图等其他视图。当产品具有凹凸形状，仅通过六面正投影视图和立体图无法清楚表达

时，应当提交剖面图、剖视图等其他视图。

②要求保护的部分和不要求保护的部位均应当满足清楚表达的要求。

2. 使用半透明层覆盖等其他方式的表达

 【案例 4】乘用车前照灯及其连接件

外观设计图片或照片

主视图

右视图

后视图

俯视图

立体图

（彩图）

233

续表

简要说明
1. 外观设计产品的名称：乘用车前照灯及其连接件。
2. 外观设计产品的用途：乘用车是用于运送人员或物品的交通工具。
3. 外观设计的设计要点：乘用车前照灯及其连接件的形状。
4. 最能表明设计要点的图片或者照片：主视图。
5. 左视图与右视图对称，省略左视图；仰视图使用时不常见，省略仰视图。
6. 不要求保护的为红色半透明层覆盖的部分。

☆**要点说明：**

①乘用车的前照灯与其中间的连接件可以作为产品的一个局部提交申请。

②以红色半透明层覆盖不要求保护的部分，一方面可以清楚显示要求保护的前照灯及其连接件，另一方面半透明层没有完全遮蔽掉产品其他部分的设计，可以清楚地表达出要求保护的部分在整体中的位置和比例关系。

③用虚线与实线相结合以外的方式表示要求保护的局部外观设计的，应当在简要说明中写明要求保护的局部或者不要求保护的部分。本案例在简要说明中写明"不要求保护的为红色半透明层覆盖的部分"，此种表述方式并不视为要求保护色彩。如果该专利申请要求色彩保护，则需要在简要说明中对色彩保护作出单独声明。

【案例 5】摩托车的覆盖件

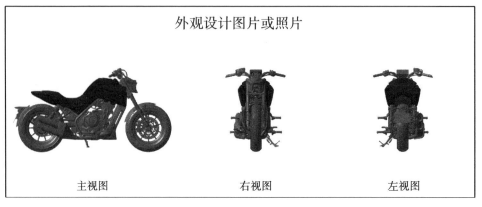

外观设计图片或照片

主视图　　　　　　　右视图　　　　　　　左视图

续表

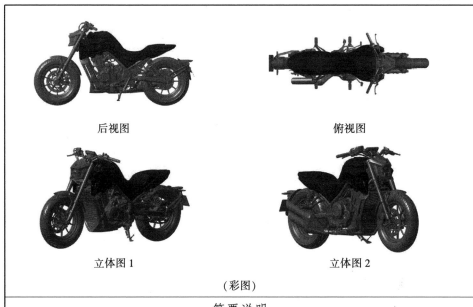

后视图　　　　　　　　　　　俯视图

立体图1　　　　　　　　　　　立体图2

(彩图)

简要说明

1. 外观设计产品的名称：摩托车的覆盖件。

2. 外观设计产品的用途：摩托车是用于代步、载人的交通工具。

3. 外观设计的设计要点：在于要求保护的局部的形状。

4. 最能表明设计要点的图片或照片：立体图1。

5. 本外观设计产品的底面为使用时不容易看到的部位，省略仰视图。

6. 要求保护的局部为蓝色覆盖部分，蓝色部分不是外观设计本身的色彩。

　☆要点说明：

　　①对要求保护的局部和不要求保护的部分以色彩进行区分，可以用色彩表示要求保护的局部，也可以用色彩表示不要求保护的部分。

　　②采用虚线与实线相结合以外的方式制作局部外观设计申请视图的，应当在简要说明中写明要求保护的局部或者不要求保护的部分。

　　③对于采用以色彩表达要求保护部分的，需要说明该色彩是否为设计本身的内容。

【**案例6**】手提包的袋体

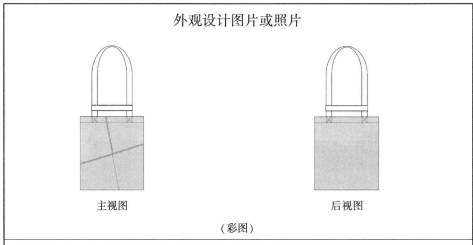

外观设计图片或照片

主视图　　　　　　　　　　　　　　后视图

（彩图）

简要说明

1. 外观设计产品的名称：手提包的袋体。
2. 外观设计产品的用途：手提包用于携带物品，请求保护的局部用于盛装物品。
3. 外观设计的设计要点：在于要求保护的局部形状和图案。
4. 最能表明设计要点的图片或者照片：主视图。
5. 请求保护的局部为黄色覆盖的部分，黄色不是外观设计本身的色彩。
6. 视图中虚线表示的是产品表面的缝纫线。

☆**要点说明：**

①对于视图中存在缝纫线或者图案中带有虚线的情形，应当避免与局部申请中用以表达不要求保护部分的虚线混淆，建议采用除虚线和实线相结合以外的其他方式来表达。例如，以单一颜色的半透明层覆盖不要求保护的部分或者以色块区分要求保护和不要求保护的部分。同时，应当在简要说明中对于缝纫线的使用情况加以说明。

②采用虚线与实线相结合以外的方式制作局部外观设计申请视图的，应当在简要说明中写明要求保护的局部或者不要求保护的部分。对于采用以色彩表达要求保护部分的，需要说明该色彩是否为设计本身的内容。

3. 涉及图形用户界面的外观设计的表达

对于涉及图形用户界面的外观设计，可以以带有图形用户界面所应用产品

的方式提交申请，也可以以不带有图形用户界面所应用产品的方式提交申请。

（1）以带有图形用户界面所应用产品的方式

【案例 7】智能手表的信息显示图形用户界面

外观设计图片或照片

主视图

（彩图）

简要说明

1. 外观设计产品的名称：智能手表的信息显示图形用户界面。
2. 外观设计产品的用途：用于信息显示。
3. 外观设计的设计要点：在于图形用户界面。
4. 最能表明设计要点的图片或照片：主视图。
5. 图形用户界面的用途：用于时间及运动等信息的显示。
6. 虚线所示为不要求保护的部分。
7. 请求保护的外观设计包含有色彩。

☆要点说明：

①设计要点在于完整图形用户界面的产品外观设计，可以以带有产品的局部外观设计方式提交申请，产品名称应写明图形用户界面的具体用途和其所应用的产品。

②视图应按照一般局部外观设计申请的要求，以虚线与实线相结合或者其他方式表达要求保护的部分和不要求保护的其他部分。本案例属于线条与色块相结合的表达方式，应当在简要说明中写明要求保护的部分或者不要求保护的部分。

③设计要点应写明仅在于图形用户界面。

④产品的用途部分，除写明整体产品用途外，还应写明图形用户界面

237

的用途。

 【案例8】手机通讯图形用户界面的键盘

外观设计图片或照片

主视图

简要说明

1. 外观设计产品的名称：手机通讯图形用户界面的键盘。
2. 外观设计产品的用途：用于通讯。
3. 图形用户界面的用途：用于信息的发送与接收。
4. 请求保护的局部的用途：用于信息的输入。
5. 外观设计的设计要点：在于界面中键盘按键的形状。
6. 最能表明设计要点的图片或照片：主视图。

☆要点说明：

①设计要点仅在于图形用户界面的局部的外观设计，可以以带有产品的局部外观设计方式提交申请，产品名称应写明图形用户界面的具体用途和其所应用的产品以及要求保护的局部。

②设计要点应写明仅在于图形用户界面中的局部。

③产品的用途部分，除写明产品用途外，还应写明完整图形用户界面及其局部的用途。

④采用虚线与实线相结合方式表达局部外观设计的，不需要在简要说明中写明。

（2）以不带有图形用户界面所应用产品的方式

【案例9】电子设备的拍摄识别图形用户界面

外观设计图片或照片

主视图   使用状态参考图

（彩图）

简要说明

1. 外观设计产品的名称：电子设备的拍摄识别图形用户界面。
2. 外观设计产品的用途：一种电子设备。
3. 图形用户界面的用途：用于拍摄识别。
4. 外观设计的设计要点：在于图形用户界面。
5. 最能表明设计要点的图片或照片：主视图。

☆**要点说明：**

①对于可应用于任何电子设备的完整图形用户界面，可以采用不带有图形用户界面所应用产品的方式提交申请，产品名称应写明图形用户界面的具体用途及"电子设备"字样的关键词。

②电子设备为一种虚拟的产品，视图中不需要表达电子设备，仅提交图形用户界面的视图即可。

③产品的用途，可以概括为"一种电子设备"，同时应写明图形用户界面用途。

④主视图和变化状态图中不能包含内容画面，可以用纯色填充内容画面所在区域，同时在使用状态参考图中展示带有内容画面的界面状态。

【案例10】 电子设备的股票购买系统图形用户界面的操作栏

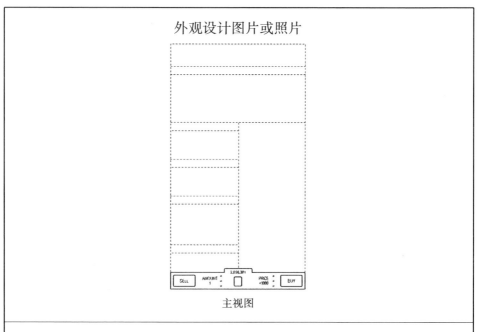

简要说明

1. 外观设计产品的名称：电子设备的股票购买系统图形用户界面的操作栏。
2. 外观设计产品的用途：一种电子设备。
3. 图形用户界面的用途：用于股票信息查看及购买。
4. 请求保护的局部的用途：用于股票的买入和卖出。
5. 外观设计的设计要点：图形用户界面中实线绘制的部分。
6. 最能表明设计要点的图片或照片：主视图。

☆要点说明：

①设计要点仅在于电子设备的图形用户界面的局部，可以采用不带有图形用户界面所应用产品的方式提交申请，产品名称应写明完整图形用户界面的具体用途及要求保护的局部，并带有"电子设备"字样的关键词。

②产品的用途部分，可以概括为"一种电子设备"，同时应写明完整图形用户界面用途及局部的用途。

【案例 11】电子设备的查询车商门店保险业务信息图形用户界面

外观设计图片或照片

主视图

界面变化状态图 1

界面变化状态图 2

(彩图)

简要说明

1. 外观设计产品的名称：电子设备的查询车商门店保险业务信息图形用户界面。

2. 外观设计产品的用途：一种电子设备。

3. 图形用户界面的用途：用于查询车商门店保险业务相关信息。

4. 外观设计的设计要点：在于图形用户界面。

5. 最能表明设计要点的图片或照片：界面变化状态图 2。

6. 图形用户界面的人机交互方式及变化过程：在主视图中点击界面中部的"店面画像"图标选项，界面跳转至界面变化状态图 1 所示的车商门店选择的界面；在界面变化状态图 1 点击任意车商门店名称，界面跳转至界面变化状态图 2 所示的所选车商门店保险业务相关信息的界面。

7. 上述所有界面中的"×××"表示为可替换的文字或数字。

☆要点说明：

①对于多级图形用户界面，应提交主视图和各级界面变化状态图。每幅视图均应当符合单一界面视图的基本要求，且比例一致。

②简要说明中应简述人机交互方式及变化过程，交互逻辑应当清楚连贯，且实现的功能是单一的。

4. 同一产品的多个局部作为一项设计的表达

同一产品的两个或两个以上无连接关系的局部外观设计，如果具有功能或者设计上的关联并形成特定视觉效果的，可以作为一项外观设计。例如眼镜中的两个镜腿的设计、手机上四个角的设计等。

【案例12】修眉剪刀手柄

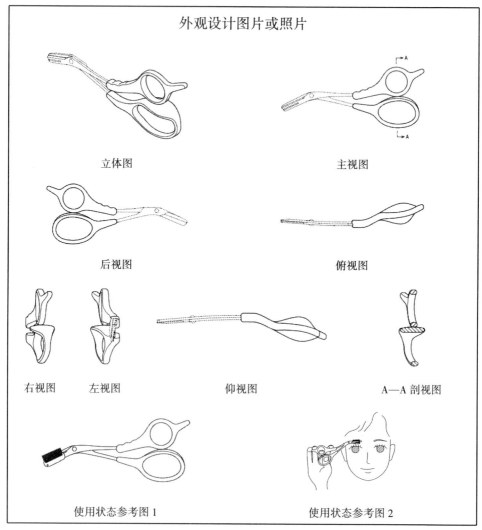

续表

简要说明
1. 外观设计产品的名称：修眉剪刀手柄。 2. 外观设计产品的用途：修眉剪刀用于修剪眉毛。 3. 外观设计的设计要点：修眉剪刀手柄的形状。 4. 最能表明设计要点的图片或者照片：立体图。

☆要点说明：

①剪刀的两个手柄，两者之间虽然没有直接的物理连接，但二者具有功能和设计上的关联并形成了特定的视觉效果，因此可以作为一项外观设计提交申请。

②剖视图能够辅助清楚表达手柄的形状；使用状态参考图1、图2可以更好地说明产品的使用方法。

5. 局部相似外观设计的表达

【案例13】汽车后部

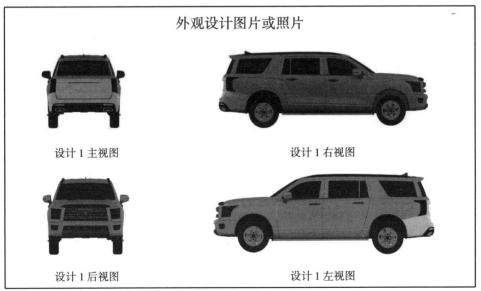

外观设计图片或照片

设计1主视图　　　　　　　　设计1右视图

设计1后视图　　　　　　　　设计1左视图

外观设计图片或照片

设计 1 俯视图

设计 1 立体图

设计 2 主视图

设计 2 右视图

设计 2 后视图

设计 2 左视图

设计 2 俯视图

设计 2 立体图

（彩图）

简要说明

1. 外观设计产品的名称：汽车后部。

2. 外观设计产品的用途：用于交通运输工具。

3. 外观设计的设计要点：在于产品局部设计的形状。

4. 最能表明设计要点的图片或照片：设计 1 立体图。

5. 产品的底面为使用时不容易看到或看不到的部位，省略设计 1 和设计 2 的仰视图。

6. 指定设计 1 为基本设计。

7. 使用红色半透明层覆盖的部分为不要求保护的部分。

8. 请求保护的外观设计包含有色彩。

☆要点说明：

①要求保护的局部是汽车后部的设计，包括设计 1 和设计 2 两项局部外观设计，应当分别按照局部外观设计的方式提交申请。

②在请求书中既要勾选局部设计选项，又要勾选相似设计选项，并填写相似设计的项数。

附录 2　涉及图形用户界面申请的多种形式

根据《专利审查指南 2023》第一部分第三章第 4.5 节的规定，涉及图形用户界面的产品外观设计，申请人可以以产品整体外观设计方式或者局部外观设计方式提交申请。以产品整体外观设计方式提交申请时，根据设计要点是否包含产品设计而对视图有不同的要求。当设计要点仅在于图形用户界面时，申请人可以以局部外观设计方式提交申请，局部外观设计方式包括视图带有或不带有图形用户界面所应用产品两种方式。当申请人以局部外观设计的方式提出申请时，还可以根据情况选择要求保护完整的界面，或者选择要求保护界面中的一部分。因此，涉及图形用户界面的申请有多种形式，每种形式对申请文件的具体要求有差异。我们用下面的结构图简要表示图形用户界面申请的不同形式，并针对每种情形给出申请示例。

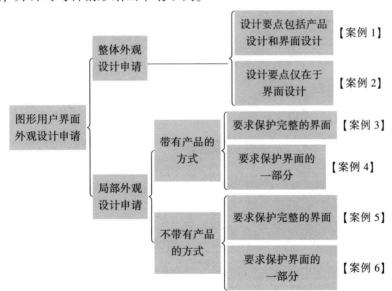

①如果一项外观设计的设计要点既包含图形用户界面设计，还包含产品设计，申请人只能以产品整体外观设计的方式提出申请。视图应当满足一般整体外观设计申请的要求，即应当清楚表达产品设计和图形用户界面设计；简要说明应当写明图形用户界面的用途。

【案例1】 设计要点包括产品设计和界面设计

产品名称：手机的安全扫描图形用户界面

外观设计图片或照片：

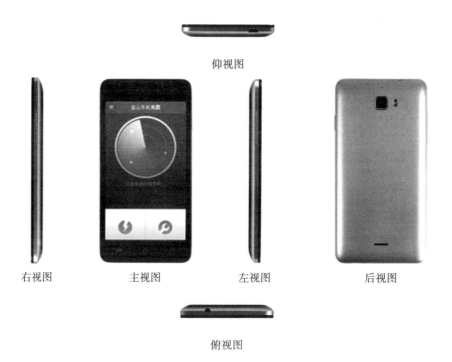

仰视图

右视图　　　　　主视图　　　　　左视图　　　　　后视图

俯视图

简要说明：

1. 外观设计产品的名称：手机的安全扫描图形用户界面。
2. 外观设计产品的用途：用于通讯。
3. 外观设计产品的设计要点：在于手机的形状及其中的图形用户界面。
4. 最能表明设计要点的图片或照片：主视图。
5. 图形用户界面的用途：用于手机安全扫描。

②如果一项外观设计的设计要点仅包含图形用户界面设计，申请人可以以产品整体外观设计的方式提出申请。申请人仅提交图形用户界面所涉及面的产品正投影视图即可；简要说明中应写明设计要点仅在于图形用户界面，以及图形用户界面的用途。

【案例 2】设计要点仅在于界面设计

产品名称：手机的安全扫描图形用户界面

外观设计图片或照片：

主视图

简要说明：

1. 外观设计产品的名称：手机的安全扫描图形用户界面。
2. 外观设计产品的用途：用于通讯。
3. 外观设计产品的设计要点：在于图形用户界面。
4. 最能表明设计要点的图片或照片：主视图。
5. 图形用户界面的用途：用于手机安全扫描。

③如果一项外观设计的设计要点仅包含图形用户界面设计，申请人可以以产品局部外观设计的方式提出申请。如果需要清楚地显示图形用户界面设计在最终产品中的位置和比例关系，应当以带有图形用户界面所应用产品的方式提交申请。申请人仅提交图形用户界面所涉及面的产品正投影视图即可，需要在视图中用虚实线或者其他方式表明要求保护的局部，要求保护的局部可以是完整的界面，也可以是界面中的一部分。简要说明应当写明设计要点仅在于图形用户界面或者图形用户界面中的局部，还应当写明图形用户界面的用途，以及要求保护的局部的用途（如果要求保护界面中的局部）。

【案例3】要求保护完整的界面
产品名称：手表的时间设置图形用户界面
外观设计图片或照片：

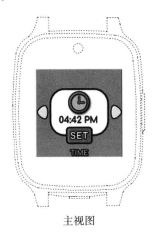

主视图

简要说明：
1. 外观设计产品的名称：手表的时间设置图形用户界面。
2. 外观设计产品的用途：查看时间。
3. 图形用户界面的用途：设置手表的时间。
4. 外观设计产品的设计要点：在于图形用户界面。
5. 最能表明设计要点的图片或照片：主视图。
6. 要求保护蓝色区域内的图形用户界面，虚线所示为不请求保护的部分。

【案例4】要求保护界面的一部分

产品名称：手机通讯图形用户界面的键盘

外观设计图片或照片：

主视图

简要说明：

1. 外观设计产品的名称：手机通讯图形用户界面的键盘。

2. 外观设计产品的用途：用于通讯。

3. 图形用户界面的用途：用于信息的发送与接收。

4. 要求保护的局部的用途：用于信息的输入。

5. 外观设计产品的设计要点：在于界面中键盘按键的形状。

6. 最能表明设计要点的图片或照片：主视图。

④如果一项外观设计的设计要点仅包含图形用户界面设计，申请人可以以产品局部外观设计的方式提出申请。对于可应用于任何电子设备的图形用户界面，申请人可以以不带有图形用户界面所应用产品的方式提交申请。申请人可以仅提交图形用户界面的视图，如果要求保护的是图形用户界面的一部分，应当在视图中用虚实线或者其他方式表明要求保护的局部。简要说明中产品的用途可以概括为一种电子设备，应当写明设计要点仅在于图形用户界面或者图形用户界面中的局部，还应当写明图形用户界面的用途，以及要求保护的局部的用途（如果要求保护界面中的局部）。

【**案例5**】 要求保护完整的界面

产品名称：电子设备的点餐图形用户界面

外观设计图片或照片：

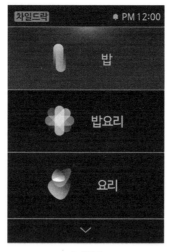

主视图

简要说明：

1. 外观设计产品的名称：电子设备的点餐图形用户界面。

2. 外观设计产品的用途：一种电子设备。

3. 图形用户界面的用途：用于点餐。

4. 外观设计产品的设计要点：在于图形用户界面。

5. 最能表明设计要点的图片或照片：主视图。

【案例6】要求保护界面中的一部分

产品名称：电子设备的标尺选择图形用户界面的选项框

外观设计图片或照片：

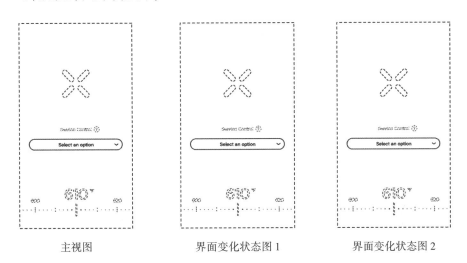

| 主视图 | 界面变化状态图1 | 界面变化状态图2 |

简要说明：

1. 外观设计产品的名称：电子设备的标尺选择图形用户界面的选项框。

2. 外观设计产品的用途：一种电子设备。

3. 图形用户界面的用途：用于选择不同尺寸的标尺。

4. 要求保护的局部的用途：选择不同的功能菜单。

5. 外观设计产品的设计要点：在于界面中实线部分。

6. 最能表明设计要点的图片或照片：界面变化状态图2。

7. 图形用户界面的变化过程：点击主视图中"select an option"按钮，跳转至界面变化状态图1；点击界面变化状态图1中的"medium"按钮，跳转至界面变化状态图2。

附录3　彩色插图

第 2 章

图 2-1-10　椅子的靠背

图 2-1-11　玩具人偶的头部

图 2-1-13　鱼饵的鱼钩

图 2-1-14　凳子的凳面

图 2-2-3　椅子的靠背

图 2-2-8　路灯的灯柱

图 2-2-9　手链的连接部

图 2-2-10　水瓶的中部

图 2-2-11 碟子的一角

图 2-2-12 椅子靠背的雕花

图 2-2-13 蕾丝花边的单元

图 2-2-14 花布的图案

图 2-2-16 水杯的装饰图案

图 2-2-17 包装盒的前面

图 2-2-18 包装盒的前部

图 2-2-19　拼图

图 2-2-20　拼图的拼接片

图 2-2-21　拼图的拼接片

第 3 章

图 3-1-4　本申请（汽车尾部）

图 3-1-5　对比设计 1（汽车后部）

图 3-1-6　对比设计 2（汽车头部）

图 3-1-7　对比设计 3（汽车整体）

图 3-2-5　本申请（汽车前格栅）

图 3-2-6　对比设计（汽车前格栅）

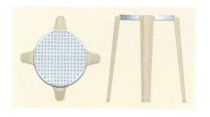

图 3-2-9　本申请（圆凳凳面）

图 3-2-10　对比设计（方凳凳面）

图 3-2-11　本申请（沙发垫）

图 3-2-12　对比设计（沙发垫）

图 3-2-21　本申请（咖啡壶握手部）

图 3-2-22　对比设计（咖啡壶）

图 3-2-23　本申请（汽车头部）

图 3-2-24　对比设计（汽车）

图 3-2-25　本申请（汽车中后部）

图 3-2-26　对比设计（汽车尾部）

图 3-3-9　本申请（帽子的主体）

图 3-3-10　对比设计（足球）

图 3-3-11　现有设计（帽子）

图 3-3-13　本申请（荷花灯灯体）

263

中国局部外观设计专利申请实务

图 3-3-14　对比设计（荷花）

图 3-3-15　本申请（台灯灯体）

图 3-3-16　对比设计（天坛）

图 3-3-17　本申请（隐形眼镜盒的上部）

图 3-3-18　对比设计（小黄人卡通形象）

图 3-3-19　本申请（玩具汽车车头）

图 3-3-20　对比设计（汽车）

第 4 章

表 4-0-1　可以作为一件外观设计专利申请提交的情形

汽车前格栅

汽车前保险杠

汽车的前格栅和大灯

汽车前脸

图 4-1-1　汽车前脸部分可作为局部外观设计专利申请的若干情形

图 4-1-7　茶壶的壶嘴和壶把

图 4-1-9　汽车的轮毂和后备箱盖

图 4-1-10　带安全扫描图形用户界面的手机　　图 4-1-11　表盘的信息显示图形用户界面

图 4-1-14　汽车的信息显示图形用户界面的仪表栏

主视图　　　　　　　　变化状态图1　　　　　　　变化状态图2

变化状态图5　　　　　变化状态图6　　　　　变化状态图4　　　　　变化状态图3

图 4-1-17　　电子设备的订单支付图形用户界面

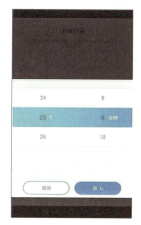

主视图　　　　　　　　　　　　　变化状态图

图 4-1-18　电子设备的汽车远程控制界面的空调设置菜单

主视图

变化状态图 1

变化状态图 2

图 4-1-20　电子设备的信息查询图形用户界面的菜单栏

图 4-2-3　汽车前部

图 4-2-4　汽车后部

图 4-2-5　组合式收音机的
调频控制面板

图 4-2-6　组合式收音机的
调频控制面板

图 4-2-11 手机的摩斯密码器
图形用户界面的输入模块

图 4-2-12 平板电脑的摩斯密码器
图形用户界面的输入模块

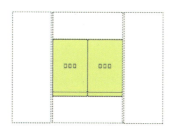

设计 1（基本设计）

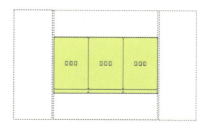

设计 2

图 4-2-15 开关按键

设计 1（基本设计）

设计 2

图 4-2-16 鞋面

图 4-3-9　电子设备的桌面图形
用户界面（原申请）

图 4-3-10　电子设备的桌面图形
用户界面的相机图标（分案申请）

第 5 章

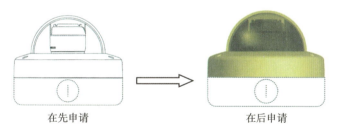

图 5-1-12　网络照相机

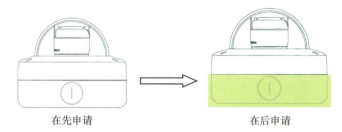

图 5-1-13　网络照相机

在先申请　　　　　　　　　　　　　在后申请

图 5-3-1　拖拉机和拖拉机的车头前部

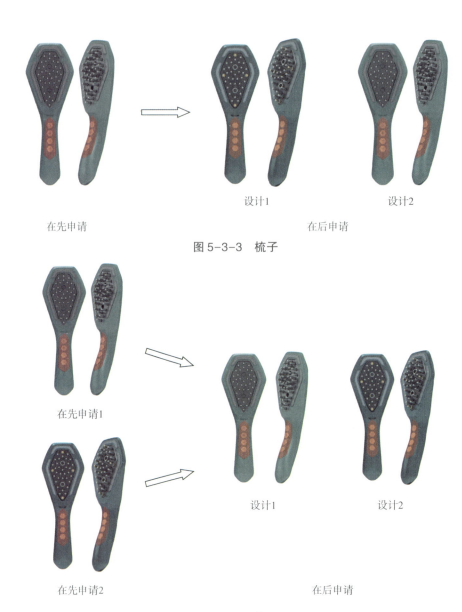

在先申请　　　　　　　　　　设计1　　　　　　　　设计2

　　　　　　　　　　　　　　　　在后申请

图 5-3-3　梳子

在先申请1

在先申请2　　　　　　　　　设计1　　　　　　设计2

　　　　　　　　　　　　　　　在后申请

图 5-3-4　梳子

第 6 章

图 6-1-1　座椅的靠背雕花

图 6-1-5　汽车后部

图 6-2-7　汽车轿厢上部

图 6-2-8　汽车车身前部

图 6-2-9　汽车的车头

图 6-2-10　鞋面装饰件

273

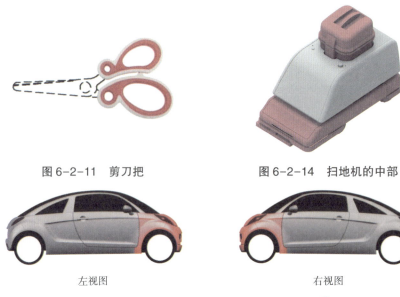

图 6-2-11 剪刀把   图 6-2-14 扫地机的中部

左视图   右视图

立体图   主视图   俯视图

图 6-2-22 汽车的车头

立体图   主视图

图 6-2-23 汽车的车头

左视图   主视图   立体图

图 6-2-27 汽车车尾下部

图 6-3-1　汽车车尾下部

图 6-3-2　汽车车尾

图 6-3-3　汽车前部

图 6-3-4　鞋面装饰件

图 6-3-5　剪刀握把

图 6-3-8　裙裤的搭片

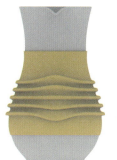

图 6-3-9　咖啡壶的中部

申请实务

中国局部外观设计专利申请实务

第 7 章

图 7-1-8　电子设备的滑翔控制图形用户界面的操作栏

主视图

变化状态图

图 7-1-18　电子设备的多媒体音乐播放图形用户界面

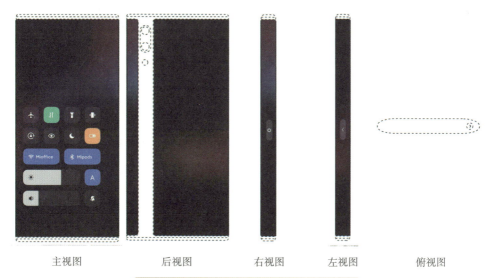

主视图　　　　　后视图　　　　　右视图　　　　　左视图　　　　　俯视图

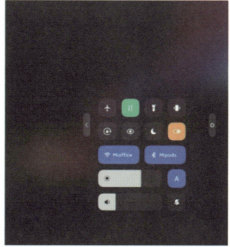

界面展开图

图 7-2-5　手机的系统控制图形用户界面

主视图

参考图

图 7-3-8　电子设备的视频播放图形用户界面

主视图

主视图

图 7-3-9　电子设备的通讯录图形用户界面　图 7-3-10　电子设备的导航图形用户界面

第 8 章

左视图

主视图

立体图

图 8-2-7　汽车车尾下部

主视图

立体图

图 8-2-8　汽车的前脸及轮毂

主视图

立体图

图 8-2-9　汽车的前脸

主视图

立体图

图 8-2-10　汽车的轮毂

图 8-2-11　运动鞋装饰件（原视图）　　图 8-2-12　运动鞋装饰件（修改后的视图）

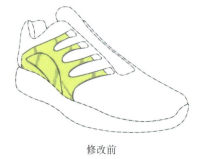

修改前　　　　　　　　　　　　　　　　修改后

图 8-2-19　运动鞋的装饰件

图 8-2-23　包装盒的正面

附录 1

【案例 4】乘用车前照灯及其连接件

主视图

右视图

后视图

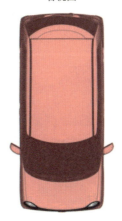

俯视图

立体图

281

中国局部外观设计专利申请实务

【案例5】 摩托车的覆盖件

主视图

右视图

左视图

后视图

俯视图

立体图 1

立体图 2

282

【案例6】 手提包的袋体

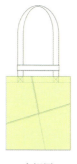 

主视图 　　　　　　　　　　　　　 后视图

【案例7】 智能手表的信息显示图形用户界面

主视图

【案例9】 电子设备的拍摄识别图形用户界面

主视图 　　　　　　　　　　　　 使用状态参考图

中国局部外观设计专利申请实务

【案例11】电子设备的查询车商门店保险业务信息图形用户界面

主视图

界面变化状态图1

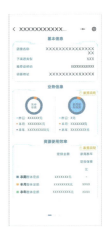

界面变化状态图2

【案例13】汽车后部

设计1主视图

设计1右视图

设计1后视图

设计1左视图

设计1俯视图

设计1立体图

设计 2 主视图

设计 2 右视图

设计 2 后视图

设计 2 左视图

设计 2 俯视图

设计 2 立体图

285